食品衛生法対応

HACCP制度化にまつわるQ&A

現場の困りごとを解決！

米虫節夫・岡村善裕・坂下琢治・角野久史［編］
NPO法人食品安全ネットワーク［著］

日科技連

まえがき

2020年６月施行の改正食品衛生法で、HACCPが制度化され、すべての食品等事業者は「HACCPに沿った衛生管理計画」を作成し、実行に移さねばならなくなりました。しかし、現場の声を聞くと、「HACCPというが、何のことかよくわからない」「そのような難しいことはできない」「跡取りもいないのでできるだけ頑張って仕事は続けるが、この際、最後は店をたたみたい」など、あまり前向きな声は聞こえてきません。

突然ですが、次の２つの質問に「はい」か「いいえ」で答えてください。

「あなたの店は、お客様に喜ばれる商品を提供していますか？」

「あなたの提供する商品に、毎日クレームが来ていますか？」

前者の質問に「はい」、後者の質問に「いいえ」と自信をもって答えられたあなたならば、あなたが今行っているやり方で、十分HACCPに対応することができます。それが、NPO法人食品安全ネットワーク(Food Safety Network、以下FSN)の共通認識です。

この共通認識を具体化したやり方を提示することで、身内だけで細々と営む超小規模企業でも対応できるHACCPがあることを知ってもらいたい。そんな思いから、FSNの監修で『食品衛生法対応　はじめてのHACCP』(角野久史・米虫節夫(編)、日科技連出版社、2018年)を出版し、HACCPの概要を解説しました。

しかし、こうした基本書を前提としてHACCPを現場の視点で眺めてみると、さまざまな疑問点やいろいろな心配事が出てくるものです。そうした困りごとをQ&Aとしてまとめたのが本書です。

本書は、厚生労働省の発表文書とコーデックスHACCPを基にして執筆されました。そのなかには、ISO 9001やISO 22000などを参照した部分もありますが、ISOの原文(英語)から翻訳された用語の使い方などに若干の揺らぎがあります。また、本書は、個性の異なる多くの著者による共著なので、文体や語句の使い方などにも、若干の揺らぎが残りました。編者として努力はしたのですが、それぞれの分野で用いられている語句を優先させましたので、このようになりました。読者の皆様には申し訳ないのですが、この点はご容赦ください。

さて、「食品殺菌工学」という分野をまとめ上げ、日本防菌防黴(ばい)学会名誉会長、FSN名誉会長であった芝崎勲先生(故人)は、いつも「微生物との戦いは永遠に続く」と話しておられました。今、その新しい戦いが全世界で行われています。ご存じのように2019年12月に中国・武漢から始まった新型コロナウイルスの蔓延により、2020年3月11日にWHO(世界保健機関)がパンデミックを宣言するに至りました。まさに芝崎先生の言葉が現実化した事態といえ、ウイルスとの新しい戦いは、「今後も永遠に続く」ことでしょう。

新型コロナウイルス対策として挙げられる、「マスクを適切に着ける」「手洗いを適切に行う」「うがいをする」「ウイルスの付着が疑われるものを適切に消毒する」などは、食品衛生分野における一般衛生管理の基本中の基本だといえます。こういった命を守る行動を確実に実行する場面にFSNが提唱する「食品衛生7S」の一つの「躾(Shitsuke)」(基本的な行動を定着させる活動)の出番があるといえるでしょう。

一般衛生管理の上に立ち、「HACCPに沿った衛生管理計画」を作ることは、すべての食品等事業者が対応しなければなりません。HACCPへの挑戦は、一日でも早いほうがよいし、この取組みは新型コロナウイルス感染症のように急拡大する感染症の対策にも有効です。

こうした実際の取組みへの第一歩を踏み出したとき、本書は読者の皆様方の良きお伴になれると自負しております。素晴らしいあなたにぴったりの「HACCPに沿った衛生管理計画」を、本書を通じてぜひ作り上げてみてください。

本書は企画のきっかけから内容面まで多くの皆様のご協力なしには刊行することができませんでした。例えば、本書を企画したそもそものきっかけは、2020年1月中旬に、品質管理界の重鎮である畏友・細谷克也氏から届いた一通のメールにさかのぼります。

「…(中略)…食品衛生は新しい時代に入ったと思われます。しかし、食品業界では、いろいろ心配事が多いのではないでしょうか。そこで、次のような書籍を発刊されたらどうでしょうか。『あなたの悩みに応える―HACCP制度化に伴うQ&A集―』(仮題)」

筆者も同じようなことを考えていたので、早速、同年1月25日(土)に行われたFSNの第102回・食の安全安心講座(米虫塾)で当日出席した会員の皆さんと相談して、本書の出版にとりかかることになりました。まずは、多くの会員に、このことを知らせて、今現場が知りたいことを質問の形で出してもらうことにしました。この要望に応えて、次の方々から多くの質問案が届きました。ご協力いただき、ありがとうございました。

青森　誠治、大崎　健一、岡村　善裕、荻野　秀和、奥田　貢司、
佐織　真理、坂下　琢治、嵯峨根　健人、嵯峨根　隆文、佐古　泰通、
鈴木　厳一郎、角野　久史、田内　信子、花野　章二、前川　裕子、
光原　教仁、柳澤　義彰(五十音順、敬称略)

集まった質問をグループ分けし、3月28日(土)に行われた第103回・食の安全安心講座(米虫塾)で、回答案の作成者を決め、回答案作成の締切りを4月20日(月)にしました。ところが、新型コロナウイルス感染症

でテレワークを余儀なくされた人も多くあってか、回答案が思ったよりも早く集まりました。ご協力いただいた皆様、ありがとうございました。

こうして集まった質問のグループ分けから、回答案の整理、内容の検討などは、岡村善裕君と坂下琢治君が献身的に作業してくれました。彼らの協力がなければ、未だコロナ禍が収まらないなか、本書を出版することはできなかったでしょう。本当にありがとうございました。

最後に、本書はFSNの20有余年における活動がなければ生まれなかったでしょう。その意味で、いつもお世話になっているFSNの会員諸氏にお礼申し上げます。また、本書の出版は、先に述べた細谷克也氏の提案と、日科技連出版社の田中延志氏の協力なしには誕生しませんでした。ここに改めて深謝いたします。ありがとうございました。

2020年 8 月

NPO法人食品安全ネットワーク

最高顧問　米 虫 節 夫

目　次

第4章　HACCP制度化に対するQ&A

第5章　HACCPに沿った衛生計画作成に関するQ&A

■総　則

■準備手順

■ 7 原則12手順

■教育・組織

■備品・設備

■一般衛生管理

■その他

第1章
2018年の食品衛生法大改正

1.1　食品衛生法改正の経緯

1900年の「飲食物其ノ他ノ物品ノ取締ニ関スル法律」を前身とする食品衛生法は1947年に制定されました[1]。2003年の大改正で食品衛生法の目的が見直され、「国民の健康の保護を図る旨」が規定されるとともに、国および地方公共団体ならびに食品等事業者の責務の明確化などが行われました[2]。そして、2018年6月13日に「食品衛生法等の一部を改正する法律」が公布され、食品衛生法は15年ぶりに大改正されました。

この改正の背景・趣旨[3]は、次のとおりです。

- 2003年の食品衛生法等の改正から約15年が経過して、世帯構造の変化を背景に、調理食品、外食・中食への需要の増加等の食へのニーズの変化、輸入食品の増加など食のグローバル化の進展が進み、我が国の食や食品を取り巻く環境が変化したこと。
- 都道府県等を越える広域的な食中毒の発生や食中毒発生数の下げ止まり等、食品による健康被害への対応に喫緊の課題があること。
- 2020年の東京オリンピック・パラリンピック開催や食品の輸出促

進を見据え、国際標準と整合的な食品衛生管理が求められること。
また、この改正の概要[4]は次のとおりです。

① 広域的な食中毒事案への対策強化：広域的な食中毒事案の発生や拡大防止等のため、国や都道府県等が相互に連携・協力するとともに、厚生労働大臣が関係者で構成する広域連携協議会を設置し、緊急を要する場合、当該協議会を活用し対応に努めることとする。

② HACCPに沿った衛生管理の制度化：原則として、すべての食品等事業者を対象に、一般衛生管理に加え、HACCPに沿った衛生管理の実施を求める。ただし、規模や業種等を考慮した一定の営業者については、取り扱う食品の特性等に応じた衛生管理とする。

③ 特別の注意を必要とする成分等を含む食品による健康被害情報の収集：健康被害の発生を未然に防止する見地から、特別の注意を必要とする成分等を含む食品について、事業者から行政への健康被害情報の届出を求める。

④ 国際整合的な食品用器具・容器包装の衛生規制の整備：食品用器具・容器包装について、安全性を評価した物質のみ使用可能とするポジティブリスト制度の導入等を行う。

⑤ 営業許可制度の見直し、営業届出制度の創設：実態に応じた営業許可業種への見直しや、現行の営業許可業種(政令で定める34業種)以外の事業者の届出制を創設する。

⑥ 食品リコール情報の報告制度の創設：営業者が自主回収を行う場合に、自治体へ報告する仕組みを構築する。

⑦ その他：乳製品・水産食品の衛生証明書の添付等を輸入要件化したり、自治体等の食品輸出関係事務に係る規定等を創設する。

1.2　HACCP制度化の経緯

「HACCPに沿った衛生管理」の制度化に向けて、厚生労働省は「食品製造におけるHACCPによる工程管理の普及のための検討会」「食品衛生管理の国際標準化に関する検討会」という２つの検討会を開催し、制度化を検討してきました。これらの検討会の経緯は以下のとおりです。なお、２つとも農林水産省がオブザーバーとして参加していました。

（1）　食品製造におけるHACCPによる工程管理の普及のための検討会

2013年８月14日に開催要領が出され、８回の検討会を得て、2015年３月31日に「我が国におけるHACCPのさらなる普及方策について(提言)～中小事業者も含めHACCP「自主点検」を推進するための環境整備～」が公表されました。

この提言の内容[6]は、次のとおりでした。

- 我が国における食品等事業者の確実かつ効率的な衛生管理等を可能にするためには、HACCPによる衛生管理の普及が必須となっている。食品等事業者の多数は中小事業者であり、中小事業者における取組みの促進が重要な課題となっている。
- 国では関係省令を改正しHACCPに基づく衛生管理を規定するとともに、自治体においても同様の条例改正が進められている。これらの進捗も踏まえながら、さらなる普及方策を検討してきた。
- HACCPの本質は、事業者の自主的な衛生管理が継続的に実施されることである。コーデックス委員会が推奨するHACCPの７原則12手順に従い、中小事業者も含め事業者が自ら衛生管理の取組み状況を確認する「自主点検」を推進するための環境整備を進めるため、行政、食品等事業者、学識経験者、関係団体、消費者団体等が連携して、さらなる普及方策を推進していくべきである。

• 将来的なHACCPによる衛生管理の義務化を見据え、我が国において中小事業者も含めHACCPが当たり前に実施されるものになることを目指して、関係者における取組みが推進されることを期待する。

（２）　食品衛生管理の国際標準化に関する検討会

2016年２月25日に開催要領が出され、９回の検討会を得て、2016年12月26日に「食品衛生管理の国際標準化に関する検討会最終とりまとめ」が公表されました。

その最終とりまとめの内容[7]は、次のとおりでした。

• 基本的な考え方：一般衛生管理をより実効性のある仕組みとするとともに、HACCPによる衛生管理の手法を取り入れ、我が国の食品の安全性のさらなる向上を図る。
• 対象事業者：フードチェーンを構成する食品の製造・加工、調理、販売等を行うすべての食品等事業者が対象。
• 衛生管理計画の作成：食品等事業者は、一般衛生管理およびHACCPによる衛生管理のための「衛生管理計画」を作成。
• HACCPによる衛生管理の基準
  —基準A：コーデックスHACCPの７原則を要件とするもの。
  —基準B：一般衛生管理を基本として、事業者の実情を踏まえた手引書等を参考に必要に応じて重要管理点を設けて管理するなど、弾力的な取扱いを可能とするもの。小規模事業者や一定の業種等[1]が対象。
• 小規模事業者等への配慮：ガイドラインの作成、導入のきめ細か

1）　一定の業種等とは、「当該店舗での小売のみを目的とした製造・加工、調理を行っている事業者」「提供する食品の種類が多く、かつ、変更頻度が高い業種」「一般衛生管理で管理が可能な業種等(飲食業、販売業等)」のことです。

な支援、準備期間を設定等。

1.3　HACCPに沿った衛生管理の制度化

「HACCPに沿った衛生管理」では、「すべての食品等事業者(食品の製造・加工、調理、販売等)が衛生管理計画を作成すること」が求められます。そして、コーデックス委員会の『食品衛生基本テキスト』(コーデックスHACCP)[8]の7原則12手順にもとづいて、食品等事業者自らが、使用する原料や製造方法等に応じ、計画を作成し、管理を行う「HACCPに基づく衛生管理」(旧A基準)と、各業界団体が作成する手引書を参考に、簡素化されたアプローチによる衛生管理を行う「HACCPの考え方を取り入れた衛生管理」(旧B基準)が作られました(**図1.1**)。「HACCPの考え方を取り入れた衛生管理」の対象事業においても、「HACCPに基づく衛生管理」、さらに対EU・対米国輸出等に向けた衛生管理へとステップアップしていくことが可能としています。なお、今回の制度化において、HACCP認証の取得は不要とされています。

法制化により国と自治体の対応[4]は、以下のとおりとされています。

- これまで地方自治体の条例に委ねられていた衛生管理の基準を法令に規定することで、地方自治体による運用を平準化する。
- 地方自治体職員を対象としたHACCP指導者養成研修を実施し、食品衛生監視員の指導方法を平準化する。
- 日本発の民間認証JFS(食品安全マネジメント規格)や国際的な民間認証FSSC 22000等の基準と整合化する。
- 業界団体が作成した手引書の内容を踏まえ、監視指導の内容を平準化する。
- 事業者が作成した衛生管理計画や記録の確認を通じて、自主的な衛生管理の取組状況を検証するなど立入検査を効率化する。

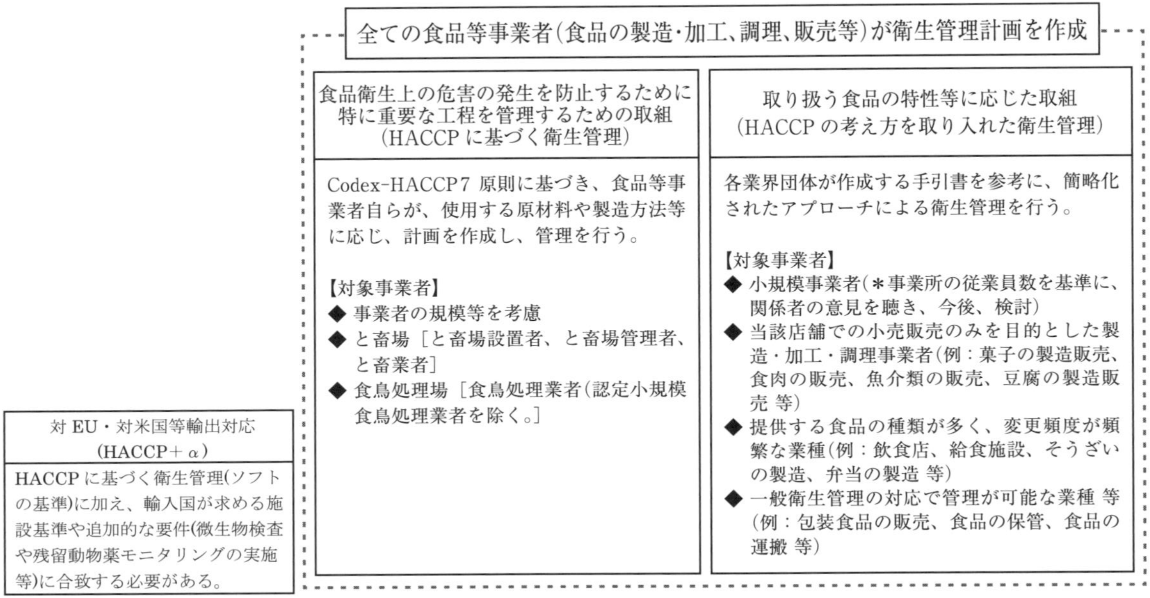

全ての食品等事業者（食品の製造・加工、調理、販売等）が衛生管理計画を作成

食品衛生上の危害の発生を防止するために特に重要な工程を管理するための取組（HACCPに基づく衛生管理）

Codex-HACCP7原則に基づき、食品等事業者自らが、使用する原材料や製造方法等に応じ、計画を作成し、管理を行う。

【対象事業者】
- ◆ 事業者の規模等を考慮
- ◆ と畜場［と畜場設置者、と畜場管理者、と畜業者］
- ◆ 食鳥処理場［食鳥処理業者（認定小規模食鳥処理業者を除く。）］

取り扱う食品の特性等に応じた取組（HACCPの考え方を取り入れた衛生管理）

各業界団体が作成する手引書を参考に、簡略化されたアプローチによる衛生管理を行う。

【対象事業者】
- ◆ 小規模事業者（＊事業所の従業員数を基準に、関係者の意見を聴き、今後、検討）
- ◆ 当該店舗での小売販売のみを目的とした製造・加工・調理事業者（例：菓子の製造販売、食肉の販売、魚介類の販売、豆腐の製造販売 等）
- ◆ 提供する食品の種類が多く、変更頻度が頻繁な業種（例：飲食店、給食施設、そうざいの製造、弁当の製造 等）
- ◆ 一般衛生管理の対応で管理が可能な業種 等（例：包装食品の販売、食品の保管、食品の運搬 等）

対EU・対米国等輸出対応（HACCP＋α）

HACCPに基づく衛生管理（ソフトの基準）に加え、輸入国が求める施設基準や追加的な要件（微生物検査や残留動物薬モニタリングの実施等）に合致する必要がある。

出典） 厚生労働省：「食品衛生法等の一部を改正する法律（平成30年6月13日公布）の概要」（https://www.mhlw.go.jp/content/11131500/000345946.pdf）

図1.1 制度の概要

厚生労働省は、「HACCPに沿った衛生管理の法制化に関するQ&A」(最終改訂：2020年6月1日)[9]でHACCPに沿った衛生管理の制度化に関して、主として事業者から寄せられた質問34件、都道府県等から寄せられた質問4件に対して回答しています。その一例は、次のとおりです。

問2　HACCPに沿った衛生管理により、現在の衛生管理はどのように変わるのですか。何か新しい設備を設けなければならないのですか。

1　HACCPに沿った衛生管理の内容については、これまで求められてきた衛生管理を、個々の事業者が使用する原材料、製造・調理の工程等に応じた衛生管理となるよう計画策定、記録保存を行い、「最適化」、「見える化」するものです。
2　特に、小規模事業者等、政省令で定める事業者については、事業者団体が作成し、厚生労働省が内容を確認した手引書を利用して、一般的な衛生管理を主体としつつ、温度管理や手洗い等の手順を定め、簡便な記録を行うことを想定しており、比較的容易に取り組めるものです。
3　衛生管理の計画と記録を作成することで、衛生管理の重要なポイントが明確化され、効率的な衛生管理が可能となり、さらには保健所からの監視指導の際の応答や顧客など外部への説明も容易になるなどといった利点も生じます。
4　なお、HACCPは工程管理、すなわち、ソフトの基準であり、施設設備等ハードの整備を求めるものではありません。今回の制度化に当たっても現行の施設設備を前提とした対応が可能です。

問3　以前は、HACCPの基準は、A基準とB基準という呼称がなされていましたが、それぞれ「HACCPに基づく衛生管理」と「HACCPの考え方を取り入れた衛生管理」とに言い換えられています。事業者が取り組むべき内容に何か違いはありますか。

食品衛生規制の見直しに関する骨子案等においては、便宜上、コーデックス委員会が策定したHACCPの7原則に基づき、食品等事業者自らが、使用する原材料や製造方法等に応じ、計画を策定し、管理を行う衛生管理については

「基準A」、その弾力的な運用による衛生管理については「基準B」という文言を使用しましたが、その後、内容がわかりづらいなどの指摘があったことから、「基準A」については「HACCPに基づく衛生管理」、「基準B」については「HACCPの考え方を取り入れた衛生管理」と内容が分かるように表記することとしたものであり、取り組むべき内容に変更はありません。

問4　「HACCPに基づく衛生管理」と「HACCPの考え方を取り入れた衛生管理」とでは、達成される衛生水準に差はありますか。

1　「HACCPに基づく衛生管理」及び「HACCPの考え方を取り入れた衛生管理」は、厚生労働省令に定める基準に従い、規模や食品の特性等に応じて事業者が遵守すべき措置を自ら決めるもので、この遵守により、いずれも必要な衛生管理のレベルが確保されるものです。
2　また、「HACCPの考え方を取り入れた衛生管理」の対象事業者であっても、「HACCPに基づく衛生管理」を実施することができます。

1.4　厚生労働省によるHACCPの推進

厚生労働省は、HACCPの推進のためにHACCPについてのウェブサイトを開設し、「施策紹介」「HACCPとは」「関連通知等」などの表題で情報を公開しています[10]。特に、HACCPを導入するために有効な情報として、「導入のための参考情報」「食品等業者団体が作成した業種別手引書」があります。例えば、「導入のための参考情報」[11]では、HACCPを啓蒙するリーフレットや食品製造におけるHACCP入門のための手引書、食品製造におけるHACCPによる衛生管理普及のためのHACCPモデルが公表されています。

食品等事業者団体が作成した業種別手引書[12]には、「HACCPに基づく衛生管理のための手引書」「HACCPの考え方を取り入れた衛生管理のための手引書」が公表されています。また、食品等事業者団体による衛生管理計画手引書策定のためのガイダンスも公表されており、食品関係団体における「HACCPに沿った衛生管理」に対応した手引書作成のための手続き、作業の進め方、手引書に含めるべき内容、参考となる情報等について概説されています。

1.5　農林水産省によるHACCPの推進

農林水産省は、「食品の製造過程の管理の高度化に関する臨時措置法(HACCP支援法)」[13]に基づきHACCPを推進しています。この法律は、食品の安全性の向上と品質管理の徹底等への社会的な要請に応えて、食品製造業界全体にHACCPの導入を促進するため、1998(平成10)年5月に5年間の時限法として制定されました。その後、延長する改正法が公布され、2013年6月にこの法律を10年間延長するとともに、HACCP導入の前段階での施設および体制の整備である「高度化基盤整備」を支援対象とする改正を行いました。なお、高度化基盤整備は、「食品を安全に保つ衛生水準及び事業者が目標とする一定の品質水準を確保するための取組」および「消費者の信頼を確保するための取組」が確実に実施できる施設および体制の整備とされています。

また、農林水産省は「HACCPの制度化を見据えた普及ロードマップ(第1版)」(2017年3月31日)[14]を公表しています。これは、厚生労働省の「食品衛生管理の国際標準化に関する検討会」の最終とりまとめを受けて作成されたもので、HACCP の普及目標について「2021年に食品製造事業者(全体)のHACCP導入率(コーデックスHACCPの7原則によるものに加え、基準Bによるものを含む)を80%」とし、HACCPの導入を推進していくとしています。こうした取組みの一部として、農林水産省は、食品等事業者にHACCPの導入に向けた人材育成や知識習得をしてもらうために、研修の開催への支援を実施しています。

●第１章の参考文献

［１］ 松本恒雄：「一橋大学政策フォーラム基調講演　食品安全法制の現状と課題（2018年９月24日）」(http://www.hit-u.ac.jp/kenkyu/file/30forum3/matsumoto.pdf)
［２］ 厚生労働省：「食品衛生法等の一部を改正する法律の概要（平成15年８月29日施行分）」(https://www.mhlw.go.jp/shingi/2003/12/s1217-9e.html)
［３］ 厚生労働省：「改正の背景・趣旨」(https://www.mhlw.go.jp/content/11131500/000345948.pdf)
［４］ 厚生労働省：「食品衛生法等の一部を改正する法律（平成30年６月13日公布）の概要」(https://www.mhlw.go.jp/content/11131500/000345946.pdf
［５］ 厚生労働省：「総合衛生管理製造過程の承認とHACCPシステムについて（平成８年10月22日付け衛食第262号・衛乳第240号）」(https://www.mhlw.go.jp/topics/syokuchu/kanren/kanshi/dl/961022-1.pdf)
［６］ 厚生労働省：「食品製造におけるHACCPによる工程管理の普及のための検討会」(https://www.mhlw.go.jp/stf/shingi2/0000080926.html)
［７］ 厚生労働省：「食品衛生管理の国際標準化に関する検討会最終とりまとめについて」(https://www.mhlw.go.jp/stf/houdou/0000146747.html)
［８］ コーデックス食品規格委員会 著、月刊HACCP編集部 訳編（2011）：『Codex食品衛生基本テキスト対訳　第４版』、鶏卵肉情報センター。
［９］ 厚生労働省：「HACCP に沿った衛生管理の制度化に関するQ&A　平成30年８月31日 作成（最終改正：令和２年６月１日）」(https://www.mhlw.go.jp/content/11130500/060635886.pdf)
［10］ 厚生労働省：「HACCP（ハサップ）」(https://www.mhlw.go.jp/stf/seisakunitsuite/bunya/kenkou_iryou/shokuhin/haccp/index.html)
［11］ 厚生労働省：「HACCP導入のための参考情報（リーフレット、手引書、動画等）」(https://www.mhlw.go.jp/stf/seisakunitsuite/bunya/0000161539.html)
［12］ 厚生労働省：「食品等事業者団体が作成した業種別手引書」(https://www.mhlw.go.jp/stf/seisakunitsuite/bunya/0000179028_00001.html)
［13］ 農林水産省：「HACCP支援法（食品の製造過程の管理の高度化に関する臨時措置法）ホームページ」(https://www.maff.go.jp/j/shokusan/sanki/haccp/index.html)
［14］ 農林水産省食料産業局食品製造課：「HACCP の制度化を見据えた普及のロードマップ（第１版）平成29年３月31日」(https://www.maff.go.jp/j/shokusan/sanki/haccp/kensyu/attach/pdf/kensyu-9.pdf)

第2章
手引書の有効な利用方法

2.1 HACCPの考え方を取り入れた衛生管理

食品衛生法の一部改正により食品等事業者等を対象として、HACCPによる衛生管理の制度化が2020年6月1日に施行されました。制度化に際しては、食品等事業者は一般衛生管理に加え「HACCPに沿った衛生管理のための計画」を策定することになっています。このHACCPに沿った衛生管理においては、小規模事業者および一定の業種では、「HACCPの考え方を取り入れた衛生管理」を策定・実行して記録を残すことが必要となります。

食品等事業者団体は「HACCPの考え方を取り入れた衛生管理」への対応のための「手引書」を策定し、事業者の負担軽減を図ることになっています。厚生労働省では、策定の過程で助言・確認を行った手引書を都道府県等に通知し、制度の統一的な運用をすることにしています。

手引書は各食品事業団体が策定しますが、各手引書は、「一般衛生管理と重要管理点の衛生管理計画を策定し、計画に基づいて実施すること」「実施した後の状況を確認して記録すること」を求めています。

2.2　一般衛生管理

一般衛生管理項目[1]は、①施設・設備の衛生管理、②使用水の管理、③そ族・昆虫対策、④廃棄物・排水の取扱い、⑤食品等の取扱い、⑥回収・廃棄、⑦検食の実施(弁当屋、仕出し屋、給食施設等の場合)、⑧情報の提供、⑨食品取扱者の衛生管理・教育訓練等という9項目が求められています。また、手引書には、一般衛生管理の着実な実施を図るため、一般衛生管理の各項目について、手引書にマニュアル、手順書例、記録様式例を記載していきます。

一般衛生管理のポイントは、それぞれの一般衛生管理項目について「なぜ必要なのか」を理解したうえで、各手順について「いつ」行うか、「どのように」行うかを決めることにあります。このとき、「手引書」に記載した内容を参考に、それぞれの事業所の実態に応じて、「どのように対処するのか」をより具体的に決めておくことが重要です。こうしておけば、「問題があったとき」に速やかに行動に移すことができます。

手引書の一般衛生管理では、フォーマットの事例とその記入例が書いてあります。それを参考に、それぞれの事業所の実態に応じてより具体的な内容を決めてください。もし今までに、一般衛生管理のマニュアルや記録書を何も作成をしていない場合は「手引書」をそのままコピーして使えばよいですし、すでに一般衛生管理の項目についてマニュアルを作成し実行して記録していたのなら、それをそのまま使えばよいのです。

2.3　重要管理点(CCP)

重要管理点(CCP：Critical Control Point)の設定は、各事業者団体が業種に合った生物的・化学的・物理的な危害要因分析を行い、「手引書」[2]、[3]に記載していますので、それを参考にして行ってください。

例えば、CCPを加熱時の温度と時間とします。CCPも一般衛生管理と同じように、「なぜ必要なのか」を理解し、「いつ」行うか、「どのように」行うかを決めることは重要です。「手引書」の記載内容を参考に、それぞれの事業所の実態に応じてより具体的に決めてください。「問題があったときにどのように対処するか」を決めておくことで、速やかに行動に移すことができます。

CCPを設定していない場合や記録がないときには、「手引書」をコピーして使えばよいのです。また、すでに危害要因分析を行っていて、CCPを定めており、モニタリングして記録を残している場合ならば、それをそのまま使い続ければいいのです。

2.4　食品等事業者団体が作成した業種別手引書

2020年８月現在、厚生労働省のウェブサイトに公開されている食品等事業者団体が作成した業種別手引書は次のとおりです。

(1)　HACCPに基づく衛生管理のための手引書[2]

この内容には以下のようなものがあります。

- 健康食品製造におけるHACCP導入手引書
- と畜場におけると殺・解体処理の衛生管理計画作成のための手引書
- 冷凍食品製造事業者向けHACCPに基づく衛生管理のための手引書

(2)　HACCPの考え方を取り入れた衛生管理のための手引書[3]

表2.1に2020年８月４日までの情報をまとめました。出典元に追記される可能性は十分ありますので、各自確認してください。

表 2.1 手引書の一覧

	業種
あ行	アイスクリーム類製造
	あんぽ柿製造
	飲食店
	ウスターソース類製造
	エキス・調味料製造
	オリーブオイル製造
か行	外食(多店舗展開)
	加工食品卸業
	菓子製造
	辛子めんたいこ製造
	カレー粉及びカレールウ
	かんしょ(さつまいも)でん粉製造
	寒天製造
	牛乳・乳飲料
	牛乳乳製品等の宅配
	魚肉ねり製品製造
	鶏卵
	黒にんにく製造
	ケーシング加工
	削りぶし製造
	コーヒー製造
	黒糖製造
	米
	米粉製造
	蒟蒻製造
	蒟蒻粉製造
	コンビニエンスストア

	業種
さ行	自動販売機
	ジビエ処理
	島豆腐製造
	酒類製造
	集送乳
	しょうゆ製造
	しょうゆ加工品(つゆ・たれ)製造
	食酢製造
	食鳥処理
	食肉処理
	食肉販売
	食品添加物
	甘蔗分蜜糖製造
	水産物(競り売り)
	水産物(卸売業)
	水産物(仲卸業)
	水産物(小売業)
	スーパーマーケット
	青果物卸売業
	青果物仲卸業
	青果物小売業
	清涼飲料水製造
	セントラルキッチン
	惣菜製造
	蕎麦製粉
	ソフトクリーム
た行	多店舗展開を図る食品小売業者
	玉子焼き製造

	業種
た行	ちくわぶ製造
	茶(仕上茶・抹茶)製造
	漬物製造
	豆腐類製造
	ところてん製造
な行	納豆製造
	煮豆製造
	農産物直売所
は行	破砕精米・精米再調整品製造
	はちみつ製造
	ハム・ソーセージ・ベーコン製造
	パン粉製造
	パン類製造
	ピーナッツ製品製造
	氷雪製造(食用氷)
	氷雪販売業
	麩(ふ)製造
	ほし芋製造
	乾し椎茸小分・加工
ま行	マーガリン類製造
	味噌製造
	麦類
	麦茶製造
	麺類製造
や行	ゆば製造
	容器詰加熱殺菌食品
ら行	旅館
	冷蔵倉庫業
わ行	

コラムA 宇宙食

2018年の秋、千葉県立現代産業科学館において、「平成30年度企画展「宇宙(そら)の味—宇宙日本食と食品保存技術—」」が行われました。その宇宙食についての展示を見た筆者はびっくりしました。筆者のまだ知らない事実が、いくつも展示されていたからです(写真A-1)。

会期：2018.10.13〜12.02.　2018.11.13訪問

写真 A-1　HACCP前歴：千葉県現代産業科学館「宇宙の味」展

HACCPの歴史を語る際にはふつう、アポロ計画やアポロ宇宙船による月面探査飛行から話が始まります。しかし、「無重力状態の宇宙で、ものを食べる」という歴史には、「アポロ以前の歴史」があって、そのいくつかが展示されていたのです。

「アポロ以前の歴史」の概要がわかる記述が「宇宙の味」展のパンフレットにあったので、以下のとおり引用します。

「1961年04月12日、ユーリ・A・ガガーリン宇宙飛行士が人類で初めて宇宙を飛行しました。地球を一周する108分間の飛行で、科学者たちが彼に課した実験とは…「無重力でも食べものが飲み込めるか？」 それを確かめるために、彼は水とチョコレートを飲み込みました。」[4]

無重力状態の宇宙において、「重力のある地上と同様に飲食ができるかどうか」「誤嚥下が起こらないかどうか」は、宇宙開発の過程で大きな問題でした。上記のガガーリンの実験は、ソビエト社会主義共和国連邦(以後、ソ連)科学アカデミーが単に有人宇宙船を飛ばし回収したことだけを誇らなかったことを意味しています。ガガーリンの実験は、将来の宇宙開発でより長時間を過ごすことが予想される状況のなかで、重要な宇宙飛行士に対する栄養供給(宇宙における食事)のために必要な、最も基本的な「実験」でした。これはHACCPを知ろうとする者にとって、知っておきたい歴史の一つでしょう。

では、宇宙で初めてきちんとした食事をとったのは誰でしょうか。「宇宙の味」展のパンフレットでは、次のように紹介されています。

「1961年08月06-07日、ボストーク2号が25時間18分の宇宙飛行中に、宇宙飛行士ゲルマン・S・チトフは、人類初になる宇宙での食事を,9:30(UTC)[1)]に朝食、14:00(UTC)に夕食をとった。食事は、アルミ製のチューブに入ったピューレ状のものだった。」[4]

このチトフの宇宙飛行の後、ソ連の宇宙食は大きな発展をせず、歯磨きチューブ状の味気ない物になりました。

JAXA(宇宙航空研究機構)のウェブページには、「宇宙食」とその「必要条件」について次のように紹介されています。

「宇宙食は、スペースシャトルミッションや国際宇宙ステーション(ISS)長期滞在などで宇宙滞在を行う宇宙飛行士に供される食品です。宇宙食には、宇宙飛行士の健康を維持するための栄養が確保されていることはもとより、高度な衛生性、調理設備が限られた状態でもおいしく食べられること、宇宙の微小重力環境で飛び散ったりしない食品や容器の工夫、長期保存に耐えることなど、地上の一般的な食品よりも厳しい条件が求められます。長期にわたり有人宇宙開発を行ってきた米国とロシアは、それぞれ独自の宇宙食を開発しており、ISSに供給される宇宙食も当初は米国とロシアの宇宙食のみでしたが、ISS宇宙食供給の基準文書「ISS FOOD PLAN」が整備されたことで、現在は日本を含むISS計画の国際パートナー各国が、ISSに宇宙食を供給することが可能となっています。」[5]

そのうえで、具体的な必要条件について、以下の項目が記載されています。

- 安全であること
  - ✓容器や包装が燃えにくいこと
  - ✓容器や包装が燃えた場合でも、人体に有害なガスが発生しないこと

---

1) UTCとは協定世界時(Coordinated Universal Time)のことです。なお、日本標準時(JST)は協定世界時(UTC)より9時間進めた時間となります。

- 長期保存が可能であること
  ✓常温で少なくとも1年半の賞味期限を有すること
- 衛生性が高いこと
  ✓宇宙飛行士の食中毒などを予防するための衛生性を確保する（食品内の細菌の種類や数などを基準以下とする）こと
- 食べるときに危険要因が発生しないこと
  ✓電気系への障害防止
  　液体を含む食品は飛び散らないよう、食品を封入するパッケージに付属したスパウト（吸口）やストローを使用する。
  　そのまま食べる食品については飛び散らないよう粘度を高め、ゾル状食品（とろみのある食品）とする。
  ✓空気清浄度への障害防止
  ✓微粉を出さないこと
  ✓特異な臭気を発するものは適さない

1961年のボストーク2号における人類発の宇宙食である「歯磨き状のチューブに入ったピューレ状の宇宙食」がソ連で開発されたのは、このような条件を満たすためでした。このような宇宙食は、現在でもロシアの空港などで購入できるとのことです（写真A-2）。

ロシアの空港で販売している宇宙食！　歯磨き状のチューブ入り‼
千葉県立現代産業科学館、平成30年度企画展「宇宙（そら）の味―宇宙日本食と食品保技術―」展示品
(2018.10.13〜12.02)

写真 A-2　ソ連時代の宇宙食

また、「宇宙の味」展のパンフレットは、創成期の「宇宙食」について以下のように述べています[4]。

「人類で初めて宇宙で食事をしたゲルマン・S・チトフ宇宙飛行士もアメリカ人で初めて宇宙で食べたジョン・H・グレン宇宙飛行士も女性で初めて宇宙に上がったワレンチナ・V・テレシコワ宇宙飛行士も宇宙食は愉しめる「食事」ではありませんでした。宇宙に滞在する時間が長くなり、空

腹を満たすだけの非常食から普段の食事に近づくように、宇宙食はどんどん進歩をつづけ、食事を楽しめるようになりました。」

1960年代米国のジェミニの時代には、「宇宙食」とは「一口サイズの固形食、チューブに入ったペースト状のもの」でした。この時代、米ソの宇宙競争が長期にわたり、宇宙滞在が連続して求められるなかで宇宙食を継続的に摂らざるを得ない状況になります。当然、このような「宇宙食」に不満をもつ宇宙飛行士も現れ、ジョン・ヤングは船内に勝手にサンドイッチを持ち込みました。当時、この行為は機器の汚損や食中毒などにより宇宙船を危機に陥れる可能性があったので問題となりましたが[6]、「食事が士気に影響する」というヤングの主張は認められ、それ以後、宇宙食は継続的に改善されていき、最近では、JAXAにより日本食の宇宙食も提供されています。もちろん、これらの「宇宙食」はコーデックス委員会のHACCPの基本である7原則12手順に従って作られています。

このように宇宙食も、誕生以来どんどん進歩しているのです。

●第2章の参考文献

[1] 厚生労働省医薬・生活衛生局　食品監視安全課：「食品等事業者団体による衛生管理計画手引書策定のためのガイダンス(第3版)、平成29年3月17日(最終改正：平成30年5月25日)」(https://www.mhlw.go.jp/content/11130500/000335874.pdf)

[2] 厚生労働省：「HACCPに基づく衛生管理のための手引書」(https://www.mhlw.go.jp/stf/seisakunitsuite/bunya/0000179028_00002.html)

[3] 厚生労働省：「HACCPの考え方を取り入れた衛生管理のための手引書」(https://www.mhlw.go.jp/stf/seisakunitsuite/bunya/0000179028_00003.html

[4] 千葉県立現代産業科学館：「平成30年度企画展「宇宙(そら)の味—宇宙日本食と食品保存技術—」パンフレット」(2018.10.13～12.02)

[5] JAXA：「ISSの宇宙食の状況」(https://iss.jaxa.jp/spacefood/overview/iss/)

[6] America Space：“The Forune of John Young: 50 years Since Gemini 3 (Part 2)” (https://www.americaspace.com/2015/03/24/the-fortune-of-john-young-the-mission-of-gemini-3-part-2/)

第3章
HACCPの準備に対するQ&A

Q.1 HACCPとは何ですか？

A.1 食品安全のための仕組みの名称であるHACCP(Hazard Analysis and Critical Control Pointの略称)は、これを日本に初めて紹介した河端俊治氏[1]が訳した「危害分析重要管理点」が長らくHACCPの訳として定着していました。しかし、最近では、その本来の意味合いから「危害要因分析必須管理点」と訳されています。ただ、最近では、厚生労働省は日本語訳を用いず、“HACCP”としています。本書でもそれに従うことにします。

HACCPとは、危害要因を特定し、食品を作る過程で、その危害要因を管理するための仕組みといえます。

例えば、厚生労働省のウェブサイト[2]では「HACCPとは、食品等事業者自らが食中毒菌汚染や異物混入等の危害要因(ハザード)を把握した上で、原材料の入荷から製品の出荷に至る全工程の中で、それらの危害要因を除去又は低減させるために特に重要な工程を管理し、製品の安全性を確保しようする衛生管理の手法です。」と説明されています。

また、コーデックス食品規格委員会(以下、コーデックス委員会)の

『食品衛生基本テキスト』[3]では、HACCPは「食品の安全性にとって重大な危害要因を特定し、評価し、コントロールするシステム」と定義されています。HACCPの詳細な情報としては、厚生労働省のウェブサイト[2]やコーデックス委員会の『食品衛生基本テキスト』[3]の他にも、(一財)食品産業センターのウェブサイト[4]などが参考になります。

Q.2 Codexとは何ですか？

A.2 Codex(コーデックス)とは、国際政府間組織の委員会の略称です。正式名称はCodex Alimentarius(ラテン語で「食品に関する法や規範」の意味)であり、HACCPなどの規格を作成しています。

イタリアのローマに本部があるコーデックス委員会は、消費者の健康の保護、食品の公正な貿易の確保等を目的として、1963年にFAO(Food and Agriculture Organization：国際連合食糧農業機関)およびWHO(World Health Organization：世界保健機関)により設置された国際的な政府間機関です。2020年8月時点で加盟している国は188カ国あり、日本は、1966年に加盟しています。

コーデックス委員会が作成したものの一つにコーデックスHACCPがあります。現在、食品衛生の一般原理とHACCPを記載したコーデックス委員会の『食品衛生基本テキスト』[3](以下、コーデックスHACCP)は、2020年8月現在で第4版(2009年)が最新です。

Q.3 製造工程図とは何ですか？

A.3 コーデックスHACCP[3]では、「製造工程図」に当たる「フローダイヤグラム」について、「特定の製品の生産あるいは製造する際に使用される一連の段階や運用を系統的に表現したもの」と定義しています。

このように、原材料などの受入から製品の出荷までの製造段階を分解し、製造の流れを書いた「製造工程図」では、「原材料の受入→保管→計量→下処理→加熱→包装→保管→出荷」という流れを、通常は１枚の紙に上から下に工程が進むように書きます。

「製造工程図」をもとに危害要因分析を行うため、工程の各段階はできるだけ細かく分類してください。製造工程図を作成したら、その図を持って現場に行き、実際の製造の流れが作成した内容と合っているかを確認することが重要です。「自社の製造工程を正しく反映した製造工程図がなければHACCPはできない」といっても過言ではないからです。

図3.1に製造工程図の例を示しておきます。

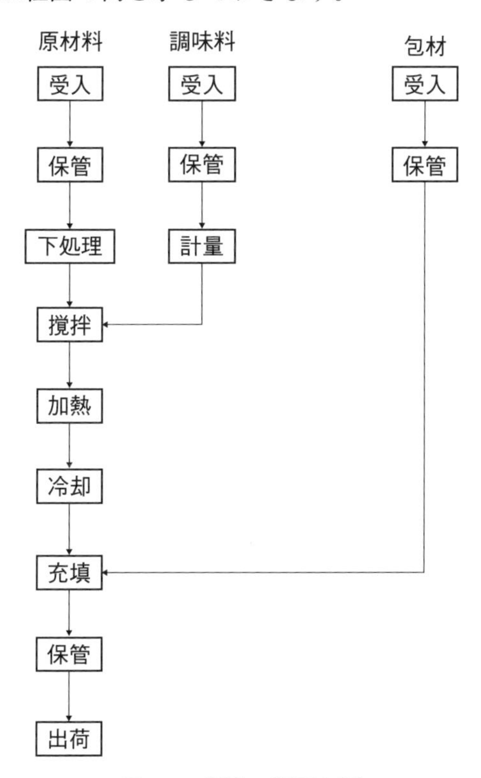

図 3.1　製造工程図の例

Q.4 危害要因(ハザード)とは何ですか?

A.4 厚生労働省のウェブサイトにある「食品製造におけるHACCP入門のための手引書」(以下、HACCP手引書)[5]では、「危害要因(ハザード)」について、「健康に悪影響(危害)をもたらす原因となる可能性のある食品中の物質または食品の状態。危害要因ともいう。有害な微生物、化学物質、硬質異物などの生物的、化学的または物理的な要因がある。」と説明されています。また、コーデックスHACCP[3]では、「健康への悪影響を引き起こす可能性をもつ、食品の生物学的、化学的または物理的な要因あるいは状態」と定義されています。

なお、危害要因は、「危害因子」とよばれることもありますが、最近は「ハザード」とよばれることが多いです。

Q.5 CCPとは何ですか?

A.5 CCP(Critical Control Pointの略称)は、「必須管理点」または「重要管理点」と訳されます。Criticalは、Important(重要)よりも、もっと重要で「ここだけは必ず」という意味合いが強いので、CCPは「必須管理点」と訳されることが多いです。

CCPは、「安全な製品を消費者へ製造・提供するために、必ず重点的に管理しなければならない」と判断された工程であり、食品製造工程中の加熱処理工程や金属探知工程がCCPとされている場合が多いです。

厚生労働省の「HACCP手引書」[5]では、CCPについて「特に厳重に管理する必要があり、かつ、危害の発生を防止するために、食品中の危害要因を予防もしくは除去、またはそれを許容できるレベルに低減するために必須な段階。必須管理点ともいう。」と説明しています。また、コーデックスHACCP[3]では、CCPを「コントロールでき、食品の安全性に対する危害要因を防ぐ、除去する、または許容レベルまで引き下げるために必須な段階」と定義しています。

Q.6 モニタリングとは何ですか？

A.6 モニタリングは、コーデックスHACCP[3]で、「CCPがコントロール下にあるか否かを評価するための、計画された観測の手順、またはコントロールのパラメータの測定を行う活動」としています。また、厚生労働省のHACCP手引書[5]では、「CCP が管理状態にあるか否かを確認するために行う観察、測定、試験検査」とされています。

どちらにも共通しているのは、「CCPが管理されているかどうか」を確認することをモニタリングとしている点です。また、モニタリングの結果は、記録として残す必要があります。

Q.7 管理基準とは何ですか？

A.7 管理基準とは、「CCPが正しく機能しているかどうかを判断するための基準」です。

コーデックスHACCP[3]では、管理基準は「許容限界」と表現され、危害要因を管理するうえで「許容不可能と許容可能とを分ける基準」となっています。また、厚生労働省の「HACCP手引書」[5]では、「危害要因を管理するうえで許容できるか否かを区別するモニタリング・パラメータの限界。許容限界ともいう」とされます。

例えば、加熱による殺菌工程がCCPの場合、管理基準(許容限界)は、「加熱温度および／または加熱時間」になるのが一般的です。金属検出機による異物探知工程がCCPの場合、正確な金属探知機の通過後、はねられた製品を確実に管理することが管理基準になります。

Q.8 文書と記録の違いは何ですか？

A.8 ISO 9000：2015「品質マネジメントシステム—基本及び用語」[6]という国際規格では「文書」と「記録」の定義は次のとおりです。

① 文書：情報およびそれが含まれている媒体(紙や写真、SDカードなど)。例えば、「記録、仕様書、手順書、図面、報告書、規格」

② 記録：達成した結果を記述した、または実施した活動の証拠を提供する文書

つまり、「文書」は「手順や基準を明確にした書類」であり、「記録」は「それら文書を順守していることを証明するもの」といえます。

Q.9 HACCPと一般衛生管理は同じものなのですか？

A.9 HACCPと一般衛生管理は、同じものではありません。一般衛生管理は、HACCPを構築するための土台になるものです。

一般衛生管理は、HACCPを効果的に構築し運用するための基礎となるもので、主に製造環境の管理や衛生管理が該当します。米国のHACCPや医薬品製造規範等では、GMP(Good Manufacturing Practices：適正製造規範)ともいわれています。また、ISO 22000やFSSC 22000などでは、前提条件プログラム(Pre-Requisite Programs：PRP)ともいわれています(**Q.10**)。また、厚生労働省の「HACCP手引書」[5]では、一般衛生管理について「HACCPシステムを効果的に機能させるための前提となる食品取扱施設の衛生管理プログラム」とされています。

「一般衛生管理がどれだけ的確に行われているか」で、HACCPにおけるCCPなどの実務的な作業の負担度合いが大きく変わってきます。そのため、HACCPに取り組む前に、一般衛生管理を適切に行うことが大

変重要になります。

Q.10 前提条件プログラムとは何ですか？

A.10 前提条件プログラム(PRP)は、その名のとおり、HACCPを効果的に構築し、運用するための基礎となるもので、以下のとおり主に製造環境管理や衛生管理が該当します。

- 食品取扱者の衛生管理・教育訓練
- 検食の実施(該当する場合)
- 食品等の取扱い
- 鼠(そ)族・昆虫対策
- 施設・設備の衛生管理
- 情報の提供
- 回収・廃棄
- 廃棄物・排水の取扱い
- 使用水の管理

多くの場合は、**Q.9**の一般衛生管理と同じ内容です。

厚生労働省の「HACCP手引書」[5]では、PRPについて「HACCPシステムを効果的に機能させるための前提となる食品取扱施設の衛生管理プログラム」としています。コーデックス委員会が示した「食品衛生の一般的原則」の規範が基本になり、地方自治体の条例で定める「営業施設基準」および「管理運営基準」などがPRPに該当します。

Q.11 食品衛生7Sとは何ですか？

A.11 一般的にいわれている5S(整理、整頓、清掃、清潔、躾)に洗浄と殺菌の2Sを足したものが食品衛生7Sです(**表3.1**)。

一般的な5Sは効率的な作業が目的です。しかし、NPO法人食品安全ネットワークが提唱する食品衛生7Sは、清潔な作業環境で製造することが目的であり、現在では多くの食品製造現場で活用されています。なお、食品衛生7Sを行うことで前提条件プログラムが楽に行えます。

表 3.1　食品衛生7Sの定義

整理	要る物と要らない物とを区別し、要らない物を処分すること。
整頓	要る物の置く場所、置き方、置く量を決めて、識別すること。
清掃	ゴミや埃などの異物を取り除き、きれいに掃除すること。
洗浄	水・湯、洗剤などを用いて、機械・設備などの汚れを洗い清めること。
殺菌	微生物を死滅・減少・除去させたり、増殖させないようにすること。
躾	整理・整頓・清掃・洗浄・殺菌におけるマニュアルや手順書、約束事、ルールを守ること。
清潔	「整理・整頓・清掃・洗浄・殺菌」が「躾」で維持し、発展している製造環境。

出典）　食品安全ネットワーク：「食品衛生7Sとは」(http://www.fu-san.jp/counsel/index.html)

Q.12　JFS規格とHACCPの違いは何ですか？

A.12 HACCPにガイドラインはあっても、「HACCP」という規格はありません。HACCPは、食品安全のための手法・やり方・方式・技法の総称にすぎません。そのため、ISO 22000、FSSC 22000、SQF、BRCなどの規格のなかで、HACCPの構築や運用管理が求められています。

その一方で、JFS規格は、JFSM(Japan Food Safety Management Association：食品安全マネジメント協会)が開発した日本生まれの食品安全規格であり、HACCPを含んでいます。JFS-A規格、JFS- B規格、JFS-C規格という3つの規格では、ISOなどと同様にHACCPプランが管理・運用されていることが適合証明あるいは認証の条件です。

原文が日本語のJFS規格には、他の規格のように英文を直訳したわかりにくい表現はなく、わかりやすい文章です。また、トップダウンの一方通行ではなく、従業員と経営者が一体となって、取り組みやすい規格になっていることが特徴です。

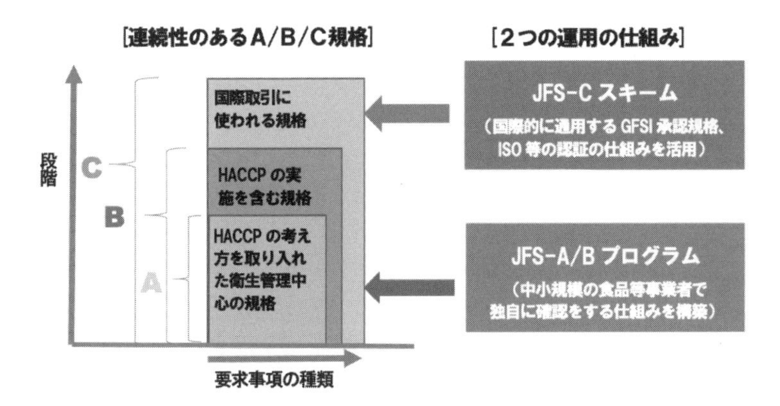

出典）　食品安全マネジメント協会(2019)：「JFS-B規格(セクター：E/L)〈食品の製造〉[ガイドライン]ver.2.0」、p.3(https://www.jfsm.or.jp/scheme/documents/)

図3.2　JFS規格の構成

JFS規格は「①FSM(食品安全マネジメント)：食品安全の仕組み」「②HACCPによる管理：7原則12手順」「③GMP(製造規範)：一般的衛生管理」という3部構成で、HACCPがJFS規格のなかに組み込まれていることがわかります。JFS規格は組織のレベルに応じてJFS-A～Cまでの3段階にランク分けされ、改正食品衛生法で求められる「HACCPに基づいた衛生管理」は「JFS-B規格」に相当するとされています(**図3.2**)。

Q.13 ISO 9001はHACCPと何が違うのですか？

A.13 ISO 9001は、品質マネジメントシステムとよばれる国際規格です。ISOは、International Organization for Standardization(国際標準化機構)という組織が発行している国際規格であり、そのなかでもISO 9001は最も多くの注目を浴びた国際規格です。

ISO 9001を導入するメリットは、以下のとおりです。

① 顧客要求事項および適用される法令・規制要求事項を満たした製品およびサービスを一貫して提供することが可能になります。つまり、人の入替えなどの影響が少なくなることが期待されます。
② 顧客満足を向上させる機会を増やせます。「顧客が何を要求しているのか」「どの程度満足しているか」を確認するためです。
③ 組織の状況および目標に関連したリスクおよび機会に取り組めます。つまり、リスクを解決し、機会を伸ばすことができます。
④ 規定された品質マネジメントシステム要求事項への適合を実証できます。この規格は審査を行うための規格でもあるので、第三者の認証を受けることで、適合が実証できます。

ISO 9001はすべての産業で利用できる一般的な品質に関する標準ですが、HACCPは、**Q1**で述べたとおり、食品の安全という「品質」に特化した仕組みです。

Q.14 ISO 22000はHACCPと何が違うのですか？

A.14 ISO 22000の正式名称は「食品安全マネジメントシステム―フードチェーンのあらゆる組織に対する要求事項」です。ISO規格が事業者に求める内容のことを要求事項といいます。フードチェーンの対象には食品製造業だけでなく、原材料や包装資材の製造業、物流業者なども含まれるため、ISO 22000は安全な食品を消費者に届けるために守るべき事柄を明確にした規格といえます。

ISO 22000のなかにはHACCPが含まれています。「HACCPを行うために組織として(マネジメントシステムの確立など)何をしなければならないか」という問題意識を明確にした国際規格がISO 22000なのです。

HACCPは安全な製品を作るための仕組みであり、ISO 22000は組織として食品安全に取り組むための標準なのです。

Q.15 ISO 22000とFSSC 22000の違いは何ですか？

A.15 ISO 22000は、国際組織であるISOが発行する食品安全マネジメントの国際規格です。一方、FSSC 22000は、FSSC(Food Safety System Certification Scheme)という国際組織が発行する食品安全マネジメントの国際規格です。なお、規格とは、「標準化によって決められた、ある「取り決め」(標準)を文章に書いたもの」[9]です。

ISO 22000は、**Q14** のとおり、食品安全に特化したマネジメント規格ですが、製品やサービスそのものを評価するのではなく、マネジメントシステムについての取り決めであることが特徴です。つまり、食品の安全性を考慮した製品・サービスの設計がなされ、その製品を作るために現場で作業を実施する組織で運用され、その結果を評価し改善する仕組み(いわゆるPDCA)をうまく回すための規格です。

一方でFSSC 22000は、国際食品安全イニシアチブ(GFSI：Global Food Safety Initiative)が承認した食品製造業のための枠組みです。ISO 22000規格をベースにすることで、その不充分な点を補完し、より発展的な食品安全のための国際規格になっています。FSSC 22000は、「ISO/TS 22002-1　食品安全のための前提条件プログラム　第1部：食品製造」と「追加要求事項」を加えた内容で構成されています。

なお、前提条件プログラム(PRP)の要求事項には、食品だけでなく、食品に関わるその他の産業分野、例えば食品包装材の製造業(ISO/TS 22002-4　第4部：食品容器包装の製造)、飼料及び動物用食品の製造業(ISO/TS 22002-6　第6部：飼料及び動物用食品の製造)があります。

ISO 22000とFSSC 22000は、ともに食品安全マネジメントシステム(FSMS)と括られることが多く、2つをまとめてFSMSとよぶことも多いようです。FSMSのベースがISO 22000で、これに要求事項を追加してより高度な内容にしたのがFSSC 22000だと考えるとよいでしょう。

●第3章の参考文献

[1] 河端俊治・春田三佐夫 編(1992):『HACCP これからの食品工場の自主衛生管理』、まえがき、p.15、p.21、中央法規出版
[2] 厚生労働省:「HACCP(ハサップ)」(https://www.mhlw.go.jp/stf/seisakunitsuite/bunya/kenkou_iryou/shokuhin/haccp/index.html)
[3] コーデックス食品規格委員会 著、月刊HACCP編集部 訳編(2011):『Codex食品衛生基本テキスト対訳 第4版』、鶏卵肉情報センター
[4] 食品産業センター:「HACCP関連情報データベース」(https://haccp.shokusan.or.jp/)
[5] 厚生労働省:「HACCP導入のための手引書」(https://www.mhlw.go.jp/stf/seisakunitsuite/bunya/0000098735.html)
[6] 日本工業標準調査会(審議)(2015):「JIS Q 9001:2015(ISO 9001:2015) 品質マネジメントシステム―要求事項」、p.369、日本規格協会
[7] 食品安全ネットワーク:「食品衛生7Sとは」(http://www.fu-san.jp/counsel/index.html)
[8] 食品安全マネジメント協会:「JFS-B規格Ver.2.0の公表(2019年10月23日)」「JFS-B規格(セクター:E/L)〈食品の製造〉[ガイドライン]ver.2.0」、p.3(https://www.jfsm.or.jp/information/2019/191023_000403.php)
[9] 日本規格協会:「規格とは」(https://webdesk.jsa.or.jp/common/W10K0500/index/dev/glossary_3/)

第4章
HACCP制度化に対するQ&A

Q.16 HACCPに沿った衛生管理の一番のメリットは何ですか？

A.16 HACCPに沿った衛生管理を行うことの一番のメリットは、それが国際標準だということです。HACCPの基本的な考え方に変更がない限り、制度の大枠は変わらず、維持されるはずです。実際、HACCPガイドラインは、食品の国際規格を定めるコーデックス委員会が示してから20年以上が経過しています。この間にHACCPは国際標準として定着し、先進国では食の安全を守る当たり前の仕組みになっています。

HACCPを導入・実践するメリットは厚生労働省の「食品衛生管理の国際標準化に関する検討会の報告書」[1]にも述べられています。その要約は下記のとおりです。

食品事業者がHACCPを導入・実践するメリットは、これまでの経験や勘による衛生管理から食の安全を「見える化」できることです。HACCPによって見える化された衛生管理は、科学的な根拠をもった衛生管理となるので、食品の安全性の向上につながります。HACCPによる衛生管理は、食中毒の原因や食品への異物混入による事故等の防止や、事故発生時の速やかな原因究明に役立ちます。また、国際基準の衛生管理であるHACCPの導入で消費者に安心感を与えることができます。

HACCPに沿った衛生管理は、従来どおりの一般衛生管理を基本としながら、HACCPの7原則12手順を活用することで、食品の安全を確保する取組みです。

Q.17 小規模事業者とは何ですか？

A.17 HACCPに沿った衛生管理において、小規模事業者(小規模な営業者等)とはHACCPの考え方を取り入れた衛生管理を行う食品等事業者を指します。ここで、小規模事業者は以下の事業者です[2]、[3]。

- 食品を製造又は加工する営業者で、施設に併設又は隣接した店舗で製造又は加工した食品の全部又は大部分を小売販売するもの。例えば、菓子や豆腐などの製造販売、食肉や魚介類の販売など。
- 飲食店、喫茶店その他食品を調理する営業者。例えば、そうざい製造業、パン製造業(消費期限が概ね5日程度のもの)、学校・病院等の営業以外の集団給食施設、調理機能を有する自動販売機。
- 容器包装に入れられ、又は容器包装で包まれた食品のみを貯蔵し、運搬又は販売する営業者。
- 食品を分割して容器包装に入れ、又は容器包装で包み小売販売する営業者。例えば、八百屋、米屋、コーヒーの量り売りなど。
- 食品を製造、加工、貯蔵、販売又は処理する営業者のうち、食品等の取り扱いに従事する者が50人未満である事業場。「従事する者が50人未満」とは、前年度の各月の1日当たりの食品又は加工に従事するものの数の平均が50人未満であること。また、各月の1日当たりの従事者数は週5日、8時間労働として、正社員、パート、アルバイトなど食品の製造又は加工に携わる者は雇用形態にかかわらず含めて算出する[4]。ただし、事務職員等の食品の取り扱いに直接従事しない者は含めない[2]。

Q.18 包装資材の原料を製造していてもHACCPは必要ですか？

A.18 2018年の食品衛生法の改正では「HACCPに沿った衛生管理」の制度化がなされました。そこでは、食品用器具・容器包装製造事業者は直接の対象事業者とはなっていません。しかし、2018年の食品衛生法等の改正によって、食品用器具・容器包装事業者には適正な製造規範(以下、GMP)の対応が求められています。また、この改正における「国際整合的な食品用器具・容器包装の衛生規制の整備」のなかで、食品用器具・容器包装は安全性を評価した物質のみ使用可能とするポジティブリスト制度が導入されることになりました。

具体的には、改正食品衛生法の第50条の3に「器具・容器包装事業者は、一般衛生管理及び適正製造管理(GMP)の取組に関する省令で定められた基準に従い、公衆衛生上必要な措置を講じることが必要である」旨が書かれています。また、第50条の4には、「ポジティブリスト制度の対象となる材質を使用した器具・容器包装事業者は、その取り扱う器具・容器包装及びその原材料がポジティブリスト制度に適合していることが確認できる情報を事業者間に伝達することが必要である」旨が書かれています。なお、第50条の3のGMPは、「食品用器具及び容器包装の製造等における安全性確保に関する指針(ガイドライン)」(平成29年7月10日付、厚生労働省)に沿って策定されています。

今後、食品用器具・容器包装事業者には、GMPによる製造管理と材質のポジティブリストに関する事業者間の情報伝達が求められますので、今からその対応を考えておくべきでしょう。

Q.19 食品を輸出するためにはHACCPが必要ですか？

A.19 食品を輸出するためには、食品衛生法によるHACCPの制度化とは関係なく、HACCPを導入・実施することが望ましいです。理由はとても簡単です。HACCPは、食品の安全性を第三者に適切に伝えるための世界共通の取組み・共通基準だからです。これは、消費者の立場で考えると理解しやすいです。

皆さんの会社が海外から食品を購入したいと思ったとき、製品の見た目や特徴はインターネットの写真や仕様書で簡単に知ることができますが、購入するのは食べ物なので安全性も重要です。製造する企業はもちろん安全だと説明するはずですが、企業側の説明だけでは十分理解できない場合もあります。理解できなければ適切な判断ができず、最悪の場合、食中毒や事故の発生を見逃してしまう可能性があります。もちろん、検査の結果などを通じて安全性を知ることもできますが、それだけでは安心感が得られません。そこで、HACCPの出番です。

HACCPは安全な製品を製造するための世界共通の考え方であり、食品の国際規格を策定する機関であるコーデックス委員会が公表した規格です。したがって、海外の食品企業から「HACCPを実施している」と説明されれば、取り組まれている内容が概ねわかります。具体的な製造方法は企業で決めるので公開情報だけではすべてを把握できないかもしれませんが、必要であれば知りたい情報を容易に得ることができます。

海外などに食品を販売する場合、「いかに自社の考え方や取組みを相手に伝えるか」が重要です。日本から海外に製品を販売する場合も、海外の顧客に安心して取引してもらうためには、よりわかりやすく製品の安全性に対する取組みを伝えなければなりません。

安全な製品を製造し、その取組みを伝えるために、HACCPは現在に至るまで最も合理的かつ効果的な方法です。また昨今、HACCPだけでなく製品の安全性を維持・改善するための「しくみ」(食品安全マネジメントシステム)を会社のなかで定めて運営・管理することも求められているため、次のステップとしてISO 22000などの導入にも取り組むとよいでしょう。

Q.20 無事故を継続中でもHACCPに沿った衛生管理は必要ですか?

A.20 2018年の改正食品衛生法の制度化によって、すべての食品等事業者に対してHACCPに沿った衛生管理が要求されているため、それまでの事故発生の状況や管理状況に関係なく、HACCPに沿った衛生管理をすることが必要です。ただし、「HACCPに沿った衛生管理を行うために、現状とはまったく異なることを行わなければならない」と思っているのでしたら、それは正しくありません。

理由がよくわからなくても、「過去の経験や勘にもとづいた」という自負があっても、「事故がなかった」状況はただ幸運なだけかもしれません。しかし、HACCPに沿った衛生管理を行えば、科学的に明確な理由にもとづいた事故の防止策を実行できます。さらに、「自分たちに不足しているものがあるのかないのか」「あるとしたらどのようなものなのか」を分析することで、改善していくことができるようになります。

以上から、まだHACCPに沿った衛生管理計画を導入していない事業者は、できるだけ早く導入・実行にとりかかることが望ましいです。

Q.21 HACCPに沿った衛生管理の導入が遅れるときの罰則は?

A.21 改正食品衛生法では、HACCPに沿った衛生管理を導入しない、あるいは導入するのが遅れたこと「のみ」を理由とした罰則はただちに課せられることはありません。そのため、「罰則を伴わないのなら、わざわざHACCPを導入する事業者がいないのでは？」と思われる方も多いかもしれません。

確かに改正食品衛生法が施行されても、ただちに全事業者がHACCPに沿った衛生管理を導入することは求められていません。しかし、許可更新申請時や2021年６月以降の新規許可申請を行う際にはHACCPに沿った衛生管理計画の提出が求められます。また、保健所が立入検査等を行う際に、「HACCPに沿った衛生管理を導入しているか否か」が監視・指導されます。このとき、事業者が衛生管理計画を作成していない場合や内容に不備がある場合、または作成しても遵守していない場合、まずは改善のための行政指導が行われます。事業者が行政指導に従わない場合には、改善が認められるまでの間、営業の禁停止などの行政処分が行われることがあります[5]。

Q.22 HACCP以外のやり方ではダメですか？

A.22 改正食品衛生法では、すべての食品等事業者は「HACCP」に沿った衛生管理の導入を義務づけています。また、JFS規格・FSSC 22000・ISO 22000等の民間規格を取得している場合、「規格の認証基準でコーデックスと同様の要件が求められていること」を条件として、保健所等による立ち入り検査等の際に、認定に必要な書類や記録、審査や監査の結果等を活用できます[6]。しかし、上記以外(一般衛生管理の取組みのみなど)は対象になっていません。ちなみに、総合衛生管理製造過程承認制度は廃止されますが、改正食品衛生法の施行日(2020年６月１日)前までに承認・更新の手続がすべて完了していれば、経過措置規定により承認・更新の日から３年間は効力を有するとされています。

大手スーパーや百貨店などでは改正食品衛生法が施行される前から

HACCPの導入を各取引先へ求めていた会社もあり、今後はより一層高度な衛生管理を求められることが予想されるため、JFS-C規格・FSSC 22000・ISO 22000等の取得による差別化を図ることもできます。

Q.23 HACCP制度化によってハード面への投資が必要ですか？

A.23 HACCP制度化に対応するために、ハード面(施設・設備)への投資は必ずしも必要ではありません。

HACCPの基礎・土台は一般衛生管理(前提条件プログラム)にあるので、一般衛生管理のレベルに応じて危害要因への対応も変わります。そのため、まずは一般衛生管理を見直してから危害要因分析を行います。

そこで課題が見つかった場合は、「一般衛生管理や危害要因を管理する方法などをどのように改善していくか」を決めることになりますが、まずは作業手順の見直しなどソフト面で対応します。最初から明らかにハード面への対策が必要そうに見えても、まずは諦めずにソフト面での対応を検討したうえで、ハード面での対応は必要最小限に留める努力をすることで、より効果的な対策を考えることが必要です。

Q.24 HACCPの考え方を取り入れた衛生管理で適切な手引書がありません

A.24 手引書の総数は今後も増えるでしょうが、自社に該当する手引書をただ待つだけだと、HACCPの考え方を取り入れた衛生管理の構築は遅れるばかりです。そのため、自社に該当する手引書がなければ、自社の製品に最も近い製品の手引書[7]を参考にして、自社なりの衛生管理手順を構築してください。この際、最寄りの保健所との連絡を密にしながら、その指導を受けることが肝要です。

経験豊かなコンサルタントを利用するのもよいですが、もし自社が所属する業界団体で手引書を作っていない場合、その作成を要望するのも一つの手です。自社の提案で業界団体が独自に手引書を作ることになり、社員が策定委員になることができれば、得られる経験と情報は大きく、自社の今後の発展に寄与することは間違いないでしょう。

Q.25 HACCPの考え方を取り入れた衛生管理では、なぜ業種ごとに内容(必要な記録等)が大きく違うのですか？

A.25 コーデックスの「HACCPシステムとその適用のためのガイドライン」で「小規模の企業では、人・財源・施設・工程・知識等を考慮した弾力的な対応が重要である」とされています。そして、小規模の企業は、効果的なHACCP計画の作成および実施のための財源や現場で必要となる専門的知識を必ずしももっていないため、業界団体や専門家、規制当局等から専門的助言を受けるべきである[8]ともされています。

また、日本では小規模な営業者等向けの手引書が厚生労働省のウェブサイト[9]で公表されています。これは、各業界団体が事業者の取り扱う食材や調理法、製品などの事情を踏まえて、危害要因分析および重点的な管理が必要な工程とその管理方法を検討したうえで、厚生労働省の食品衛生管理に関する技術検討会で確認された手引書です。そのため、業界団体が作成した手引書では、各業界特有の危害要因や、危害要因を管理水準以下に管理する方法が考慮されているので、対象となる事業者が無理なく計画の作成と実施、記録等をできるように工夫されています。

こうした経緯によって、HACCPの考え方を取り入れた衛生管理の手順書は、業種ごとに内容(必要な記録等)が異なっているのです。

Q.26 HACCPのリーフレットなどがあれば教えてください

A.26 厚生労働省のウェブサイトには、「HACCPとは何か」「導入するメリットは何か」「HACCPの７原則12手順」についてわかりやすく紹介するリーフレット[10]が公表されています。また、(一財)食品産業センターのウェブサイト[11]にも、ビデオによる学習ツールが公開されています。

また、HACCPに基づく衛生管理を構築する際にも、厚生労働省や食品産業センターのウェブサイトでは、多くの業種の手引書が公表されていますので、自社に最適な手引書を参考にしてください。

例えば、厚生労働省のウェブサイト[12]では、「乳・乳製品、食肉製品、清涼飲料水、水産加工品、大量調理施設、漬物、生菓子、焼菓子、麺類」といった業種に関する手引書や簡単な説明書が公表されています。

また、食品産業センターのウェブサイト[11]では、「ハム・ソーセージ・ベーコン、アイスクリーム類、魚肉練り製品、削り節、漬物、食酢、エキス調味料、米粉、菓子、食用精製加工油脂、生麺、即席麺、ゆば、豆腐、玉子焼、納豆、煮豆、こんにゃく、ところてん」といった業種に関する手引書が公表されています。なお、ここに示されている手引書は農林水産省補助事業により作成されています。

Q.27 他社の成功例などを教えてください

A.27 他社の事例は多くの人が気になるところだと思います。

実は、成功事例は意外とあちこちで公開されています。HACCPに関する各セミナー1）や勉強会などでも紹介されますし、インターネット上

1） 例えば、食品安全ネットワーク(http://www.fu-san.jp)では、HACCPセミナーを始め各種セミナーが開催されています。

にも投稿されています。書籍化された事例もあります。例えば、『食品衛生法対応　はじめてのHACCP』[13]（日科技連出版社、2018年）の第４章「HACCPの考え方を取り入れた衛生管理構築のモデル」でも、４業種のモデルが紹介されています。また、少し古いですが、『HACCP実践講座』[14]（日科技連出版社、1999年）には、３社の具体的な成功事例（ハム製造企業、乳業企業、ケータリング企業）が示されています。これらの事例は、「コーデックスHACCPによる衛生管理」の構築モデルとして活用できます。

HACCPによる衛生管理を構築するときに最も大事なことは、「その基礎となる一般衛生管理をどの程度までしておくか」です。一般衛生管理を行うときには、食品衛生7S活動として行うほうが多くの面で効率よく、その事例も書籍に掲載されています2）。

一般衛生管理は、HACCPの基礎・土台といわれており、これがどれだけ充実しているかで同じ製品を作っていても、構築されるHACCPは異なってきます。そのため、同じ製品を作っていても、一般衛生管理が異なる企業が100社あれば、100種類のHACCPがあることになります。

Q.28　食品衛生監視員の監視指導は都道府県ごとに異なりますか？

A.28 保健所の食品衛生監視員による監視指導は、今後すべての地方自治体で、同じ衛生管理の基準によって行われるようになります[9]。

2018年の食品衛生法改正まで、地方自治体ごとの条例で衛生管理の基準が設定されていたため、多店舗展開している飲食店は地方自治体ごとに異なる衛生管理の基準にもとづく監視指導を受けていました。しかし、「HACCPに沿った衛生管理」の法制化に伴い、各地方自治体の条例に

2）『食品衛生7S実践事例集』[15]～[24]はすでに第10集を超えるロングセラーであり、NPO法人食品安全ネットワーク主催で開催される事例発表会の記録集です。本書は各企業の食品衛生7S活動の取組みとその成果について、各社の画期的なアイデアやさまざまな苦労などが集載されており、利用可能な改善事例が多いです。

委ねられていた衛生管理の基準が法令で規定されることになったのです。

なお、厚生労働省では、地方自治体の食品衛生監視員向けにHACCPの指導者を養成する研修会を全国6ブロックで行い、食品衛生監視員の資質の向上を図るとともに、指導方法も平準化されるように努力しています。また、業界団体が作成した手引書の内容を踏まえて、監視指導の内容も平準化されていくことが見込まれています[25]。

Q.29 HACCP制度化の相談窓口はどこにありますか？

A.29 HACCP制度化に関する相談は、必ず所轄の保健所にしてください。HACCPの制度化の定着はこれからなので、保健所ごとに多少対応が異なることが考えられるからです。

HACCP制度化が本格的にスタートする2021年6月の完全施行後には、すべての食品事業者がHACCP制度化に対応する衛生管理計画を作成することになります。できるだけ早く衛生管理計画を作成しておくことが望ましいです。こういった文書を作成するなかで、何かわからないことがあれば所轄の保健所に質問・相談してみましょう。

Q.30 自治体HACCP認証を受ける必要はないですか？

A.30 改正食品衛生法では、「自治体HACCP認証を受ける必要はない」とされています。また、HACCP制度化による衛生管理が完全に施行された場合、各都道府県等で認証されていた自治体HACCPは、原則として運用できなくなります。なお、同法では厚生労働省が進めていた「総合衛生管理製造過程承認制度」も廃止されると記されています[25]。

改正食品衛生法では、小規模事業者がHACCPを構築するために「手引書」[7]に従った衛生管理の取組みをすればよく、「自分たちの製造環境で手引書の内容を確実に実施できるようにすること」が重要になります。

Q.31 HACCPを導入・実施していることをどうやってPRできますか？

A.31 HACCP導入・実施のPRをするには、必要に応じて、HACCPが含まれているISO 22000やFSSC 22000といった国際規格などの認証をとることでできます。しかし、厚生労働省は、これらの認証取得に積極的ではないようで、「HACCPに沿った衛生管理」の「衛生管理計画」の写しなどを店舗内に掲示する方法を提案していました[26]。しかし、これはあまり実用的ではありません。

HACCP関連の認証には、「自治体による認証」「業界団体による認証」「民間認証機関による認証」と３つあります。改正食品衛生法により「自治体による認証」[3)]は今後なくなる可能性もあるので、「業界団体による認証」[4)]か「民間認証機関」[5)]による認証をとることが考えられます。

2016年１月に設立された(一財)食品安全マネジメント協会(JFSM)は、農林水産省と民間企業が連携して国際標準に整合する食品安全マネジメ

3）現行の自治体による認証としては、以下の都道府県に実例があります。
　　北海道、青森県、岩手県、宮城県、秋田県、山形県、茨城県、栃木県、埼玉県、東京都、静岡県、愛知県、三重県、岐阜県、福井県、石川県、滋賀県、京都府、大阪府、兵庫県、和歌山県、奈良県、鳥取県、広島県、山口県、徳島県、愛媛県、高知県、熊本県、長崎県
　ただし、認証を受けたい組織が上記の都道府県で操業していて、認証対象の施設である必要があります。今後、自治体による認証は原則としてなくなると予想されます。それでももし、自治体認証を受けたいなら、所轄の保健所とよく相談してください。

4）業界団体による認証としては、以下の業界に実例がありますが、認証を取得するには、それぞれの協会に所属している必要があります。
　　日本炊飯協会、日本精米工業会、大日本水産会、日本弁当サービス協会、日本食品油脂検査協会、日本惣菜協会、日本冷凍食品協会

5）民間認証機関による認証としては、ISO 22000、FSSC 22000、SQF、JFS-Cに実例がありますが、認証機関や規格により認証できる業種が異なるので、要注意です。

ント規格や認証スキームを構築・運営しています。2018(平成30)年11月に、日本発の食品安全規格であるJFS-Cが国際的な組織であるGFSI(Global Food Safety Initiative)から承認されました[27]。そのため、必要に応じてJFSMのHACCP導入の初級レベルの認証規格であるJFS-Aや中級レベルの認証規格であるJFS-Bなどの認証規格にチャレンジすること自体がHACCP運用をPRする手段となります。

Q.32 衛生管理で食品衛生7Sを実践すると効果が得られますか？

A.32 「HACCPの考え方を取り入れた衛生管理」で食品衛生7Sを実践すれば大きな効果を上げられます。その理由は以下のとおりです。

「HACCPの考え方を取り入れた衛生管理」の対象の食品等事業者は、食品等事業者団体が作成した「手引書」[7]を参考に、一般衛生管理を基本に重要な管理ポイントに対してHACCPの考え方を取り入れた衛生管理を行わねばなりません6)。一方、食品衛生7S(整理・整頓・清掃・洗浄・殺菌・躾・清潔)の目的は「微生物レベルの清潔さ」[25]であり、食中毒を予防する衛生管理手法としてHACCPと目指すゴールは同じなのです。

HACCPなどで使われる難しい言葉や考え方に迷わず、現場作業者が理解し簡単に実践できる方法の実践こそがゴールへの近道です。また、異物混入や食中毒を予防する製造環境を構築・運用することも重要です。

製造環境では食品衛生7Sのうち、まずは目に見える物を管理する「整理・整頓・清掃」を実践し、次に目に見えない微生物を制御する「洗浄・殺菌」が必要です。これらの活動を作業手順書どおり確実に実

---

6) 実際に、厚生労働省の食品衛生管理の国際標準化に関する検討会では、「多くの食中毒の原因が、現在の規制で定められている一般衛生管理の実施の不備によるものであり、施設設備、機械器具等の衛生管理、食品取扱者の健康や衛生の管理等の一般衛生管理についても、着実に取り組んでいくことが、食品の安全性を確保するためには不可欠である」[28]と報告されています。

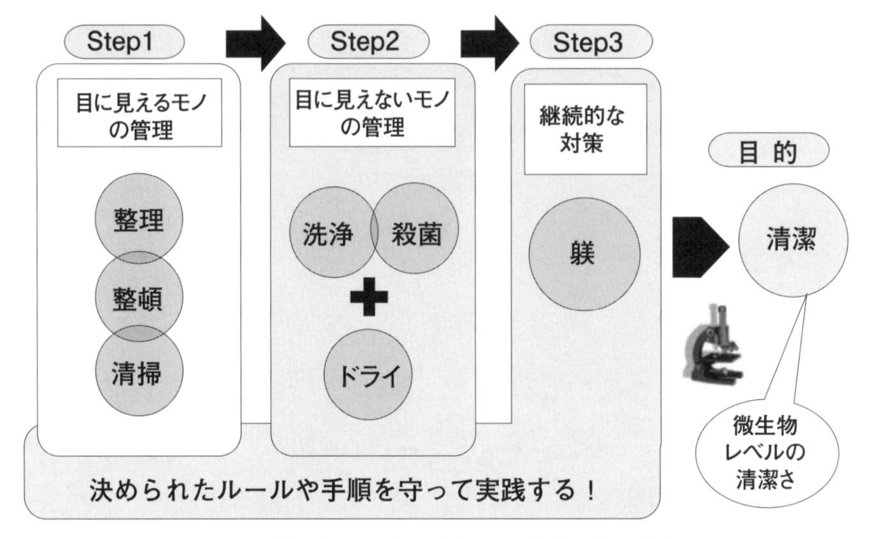

図 4.1 製造環境での食品衛生7Sの実践活動の関連図

施できるように教育や訓練をする「躾」が定着すれば、製造環境の「清潔」が維持されて、日常的に「微生物レベルの清潔さ」(図4.1)を達成できます。

Q.33 食品衛生7Sの実践は、HACCP制度化の準備になりますか？

A.33 食品衛生7Sの実践は、HACCP制度化に対する非常に効果的な準備となります。その理由は以下のとおりです。

HACCP制度化とは「HACCPに沿った衛生管理を導入すること」であって、「工場に新しい施設や設備等を導入すること」ではありません。HACCPは製造工程で食品由来の健康被害を起こさない管理を行い、その記録を保存しておく仕組みであり、製造工程を「最適化」「見える化」して、効率的な衛生管理が行えるようにする仕組みです。

その一方で、食品衛生7S活動は「HACCPの土台となる一般衛生管理の取組み」です。厚生労働省は「HACCP手引書」[12]で「5Sがきちんと機能していないとHACCPは有効に機能しません」と記載しており、5S活動の推進を提唱しています。この5S活動は、具体的な内容を見ると食品衛生7Sと同じであり、「清潔」を目的とした活動です。

また、農林水産省はそのパンフレット[30]で「食品衛生の観点から、特に微生物管理を確実に行うため、5S活動に、洗浄(Senjou)、殺菌(Sakkin)を別に項目立てした7S活動もあります」と紹介しています。なお、農林水産省は「習慣」という言葉を使っていますが、食品衛生7Sでは「習慣」ではなく、「躾」としています。

食品衛生7Sは「整理・整頓・清掃・洗浄・殺菌」を「躾」で維持して、微生物レベルの「清潔」を得ることを目的としています。そのため、食品衛生7S活動は、HACCPの土台である一般衛生管理を行ううえで有効な手段であり、モノ・お金・時間の無駄をなくし、働きやすい職場の構築にも役立つという、会社と従業員にとって大変有益な活動なのです。

コラムB HACCPを理解するための３つのポイント

HACCPやISO 22000などの原文は英語ですが、多くの人に触れるのは日本語訳です。しかし、英語独特の言い回しや表現などがうまく訳されていないため、違和感を感じることが多いです。そのうえ、書かれている内容を見ていくと、「なぜこのようなことをしなければならないのか」「なぜこのようなことが書かれているのか」と、不思議に思うことが多々あります。「日本の常識は欧米の常識ではなく非常識」であることも多いですが、逆に「欧米の常識が日本の非常識」になることもあります。

本コラムでは、欧米では常識的な価値観でも、日本人にとっては違和感が出てくる３つの価値観を紹介します。

(1) 性善説と性悪説

日本人は農耕民族で水田耕作を中心とし、水利事業などを共同で行ってきました。そのため、他の人がどのような作物をどのように作っているのかはすぐにわかる状態です。そのために、誰かが良い作物を作り、高い金額で売れたなら、翌年は「私もそれを作ってみよう」とまねをすることになります。さらに、私達は幼いときから「徳孤ならずして必ず隣有り」(『論語』里仁より)といわれるように、良いことを率先してするように教わってきました。

一方、狩猟・牧畜民族である欧米人で、狩猟に行けばいつも多くの収穫を得、自分の家畜にも腹一杯の牧草を食べさせている人がいたとき、他の人が「では、私も彼の後をついて行こう」と行動しても、彼が先に獲物を捕り、彼の家畜が牧草を食い散らしているので、うまくいくことはありません。そこで、「彼が東に行くのなら、私は彼とは異なる西の方に行こう」と判断する。そのため、結果は見えますが、彼が一体どのようなことをしているのかはよくわかりません。

釣り好きの友人は、いつもものすごく大きな魚を捕ったとか、ものすごく大きな魚をもう一歩というところで逃がしてしまったなどとよく自慢話をしています。「逃がした魚は大きい」の話です。しかし、この話、どこまで本当かわかりません。嘘を言っている可能性も高い。そこで、証拠物件が必要になります。魚拓は、証拠物件の一つとしての記録です。

日本人的発想の場合、わざわざ証拠物件を出さなくてもよいのですが、自分がいつも嘘を言っている人は、証拠のない他人の話は信用できないということになってしまいます。

これは、性善説か性悪説かの違いともいえます。その結果、「何をしたか」を説明するための「手順書」や、それに従って行為を行ったという証拠である「記録」が必須になってきます。HACCPの仕組みは、このように性悪説の立場に立って考えれば、よく理解できるのではないでしょうか。

(2) ブルーカラーと手順書

欧米では、同じ会社の従業員でもホワイトカラーとブルーカラーは明確に区別されています。日本のように、社長も現場労働者と同じ制服を着て、同じ社員食堂で食事をとるというようなことは考えられないです。ホワイトカラーは仕組みと手順書を作り、ブルーカラーは何も考えずに、その仕組みと手順書どおりに作業をすればよい仕組みになっています。しかも、リーマンショック(2008年9月)、新型ウイルスのパンデミック(2020年3月

〜)のようなショックが経営を直撃する事態になると、ブルーカラーは簡単に解雇されます。日本では、一度正社員になれば、簡単には解雇ができない仕組みなので、少し前までは一生同じ企業で働き、技術力を向上させるのが常でした。

一方、欧米では企業は簡単に従業員を解雇できるし、状況が良くなればすぐにまた、多くの従業員を雇い入れます。技術力も技能もないブルーカラーの従業員を効率よく働かせるために必要なのが手順書です。「俺の後ろにいて、徐々に仕事を覚えろ」という日本のやり方とは違うのです。

手順書作りは手間のかかる仕事ですが、欧米では手順書なしに仕事はできません。そのため、仕組み作りと手順書作りは一体のものとなります。日本では、仕組み作りの後、HACCPやISO 22000の認証取得対策として手順書を作るので、大変な作業となっているのです。

(3)　訴訟社会と安全性の評価

日本では、もめ事が起こるとまず話し合い、話合いがこじれたときに訴訟になります。ところが、欧米では、もめ事が起こるとまず訴訟になり、そのなかで話し合います。そのため、訴訟費用(特に弁護士費用)が大変高額であり、訴訟対策の各種の保険が存在します。

この保険の保険料金を算定するときには割引があります。そこでHACCPをしていたり、ISO 22000の認証を受けていたりすると、「この企業は、きちんと企業活動を行っており、事件の起こる確率は低い」と判断され、保険料金が安くなります。日本の自動車保険の無事故無違反割引などと同じ仕組みと考えてください。そのため、積極的にHACCPやISO 22000などに取り組めるのです。

しかし日本では、大手量販店などがHACCPやISO 22000の仕組みを作り、認証をとるように要求してきます。なのに、せっかくお金と労力をかけて認証を取得しても、特に購入価格を引き上げてくれるわけでもなく、要求されたほうに労力に見合う利点が見い出せません。

このように訴訟の予防策として安全を保証する仕組み作りに対価を支払う欧米流の考え方と、そのような対応をしない日本流の考え方には大きな違いがあるといえるでしょう。

以上の3点が理解できたとき、筆者は欧米流の考え方を基本とするHACCPやISO 22000の仕組みが、なんとなく理解できたように思えました。読者の皆さんも、このように考えることで欧米発の仕組みを理解するとよいかもしれません。

●第4章の参考文献

［1］ 厚生労働省：「食品衛生管理の国際標準化に関する検討会最終とりまとめについて（平成28年12月26日）」(https://www.mhlw.go.jp/stf/houdou/0000146747.html)
［2］ 食品衛生法施行規則第66条の3及び第66条の4
［3］ 厚生労働省：「食品衛生法等の一部を改正する法律の政省令等に関する資料（2020年2月）」、p.6 (https://www.mhlw.go.jp/content/11130500/000595368.pdf)
［4］ 厚生労働省「食品衛生管理に関する技術検討会」「食品衛生管理に関する技術検討会政省令に規定する事項の検討結果とりまとめ（2019年4月26日）」(https://www.mhlw.go.jp/stf/shingi/other-syokuhin_436610.html)
［5］ 厚生労働省：「HACCPに沿った衛生管理の制度化に関するQ&A（最終改正：2020年6月1日）」、問17(https://www.mhlw.go.jp/content/11130500/060635886.pdf)
［6］ 厚生労働省：「HACCPに沿った衛生管理の制度化に関するQ&A（最終改正：2020年6月1日）」、問21(https://www.mhlw.go.jp/content/11130500/060635886.pdf)
［7］ 厚生労働省：「HACCPの考え方を取り入れた衛生管理のための手引書」(https://www.mhlw.go.jp/stf/seisakunitsuite/bunya/0000179028_00003.html)
［8］ 厚生労働省：「食品衛生法の改正について」「食品衛生法等の一部を改正する法律の概要」(https://www.mhlw.go.jp/stf/seisakunitsuite/bunya/0000197196.html)
［9］ 厚生労働省：「食品衛生法の改正について」「食品衛生法等の一部を改正する法律の概要」「改正の概要」(https://www.mhlw.go.jp/content/11131500/000481107.pdf)
［10］ 厚生労働省：「HACCP導入のための参考情報（リーフレット、手引書、動画等）」(https://www.mhlw.go.jp/stf/seisakunitsuite/bunya/0000161539.html)
［11］ 食品産業センター：「HACCP関連情報データベース」「学習ツール」(https://haccp.shokusan.or.jp/learning/)
［12］ 厚生労働省：「HACCP導入のための手引書」(https://www.mhlw.go.jp/stf/seisakunitsuite/bunya/0000098735.html)
［13］ 食品安全ネットワーク 監修、角野久史・米虫節夫編著、花野章二・佐古泰

通・柳生麻実 著(2018)：『食品衛生法対応　はじめてのHACCP』、日科技連出版社
[14]　細谷克也 監修(1999)：『こうすればHACCPができる』(HACCP実践講座　第２巻)、日科技連出版社
[15]　米虫節夫 編(2008)：『現場がみるみる良くなる食品衛生7S活用事例集』、日科技連出版社
[16]　米虫節夫・角野久史 編(2010)：『現場がみるみる良くなる食品衛生7S活用事例集２』、日科技連出版社
[17]　角野久史・米虫節夫 編(2011)：『現場がみるみる良くなる食品衛生7S活用事例集３』、日科技連出版社
[18]　角野久史・米虫節夫 編(2012)：『現場がみるみる良くなる食品衛生7S活用事例集４』、日科技連出版社
[19]　角野久史・米虫節夫 編(2013)：『現場がみるみる良くなる食品衛生7S活用事例集５』、日科技連出版社
[20]　角野久史・米虫節夫 編(2014)：『現場がみるみる良くなる食品衛生7S活用事例集６』、日科技連出版社
[21]　角野久史・米虫節夫 編(2015)：『食品衛生7S実践事例集 第７巻』、鶏卵肉情報センター
[22]　角野久史・米虫節夫 編(2016)：『食品衛生7S実践事例集 第８巻』、鶏卵肉情報センター
[23]　角野久史・米虫節夫 編(2017)：『食品衛生7S実践事例集 第９巻』、鶏卵肉情報センター
[24]　角野久史・米虫節夫 編(2018)：『食品衛生7S実践事例集第10巻』、鶏卵肉情報センター
[25]　厚生労働省：「HACCP に沿った衛生管理の制度化に関するQ&A(最終改正：2020 年 6 月 1 日)」、問 24(https://www.mhlw.go.jp/content/11130500/060635886.pdf)
[26]　厚生労働省：「HACCP に沿った衛生管理の制度化に関するQ&A(2019年２月25日版)」、問17(https://www.mhlw.go.jp/content/11130500/000483069.pdf)
[27]　日本食品安全マネジメント協会ウェブサイト(https://www.jfsm.or.jp/)
[28]　厚生労働省：「食品衛生管理の国際標準化に関する検討会　最終とりまとめ」(https://www.mhlw.go.jp/file/04-Houdouhappyou-11135000-ShokuhinanzenbuKanshianzenka/0000147434.pdf)
[29]　米虫節夫・角野久史 監修(2013)：『やさしい食品衛生7S入門(新装版)』、日本規格協会

[30]　農林水産省：「ホップ！ステップ！HACCP（平成27年10月版）」「別紙　食品衛生の基本となる5S活動・HACCP導入のための7原則12手順」(https://www.maff.go.jp/j/shokusan/sanki/haccp/h_pamph/pdf/5s_codex_h2710.pdf)

第5章
HACCPに沿った衛生計画作成に関するQ&A

総　則

Q.34 HACCPをするメリットは何ですか？

A.34 厚生労働省の「HACCP導入のための手引書」[1]では、HACCPをするメリットとして、以下のようなことが挙げられています。

- 原材料の入荷から、製造、出荷までの、さまざまな工程で衛生をチェックするため、安全性の高い食品を消費者に届けることができるようになる。
- 社員のモチベーションが上がる。
- 工場の状況がわかりやすくなる。
- クレームやロス率が下がる。
- 品質のばらつきが少なくなる。
- 取引先の評価が上がる。
- 安全な食品を作るために重要な工程を特定し、管理するので、作業効率が上がる。

• 衛生状態が向上する。

HACCPを構築し維持することは、確かに簡単ではありません。しかし、その努力をし続ければ、必ず上記のような良い結果を生みます。

Q.35 実際にHACCPに取り組んだ事業者への効果とは？

A.35 HACCPの取組みをした事業者には「売上への貢献」「利益の向上」という効果が得られます。しかし、そのためには注意すべき点があります。

HACCPを構築するとき、現場との調整なしに経営者が「コーデックスHACCPの7原則12手順をこれから構築する」と宣言し、HACCPチームを作らせてもうまくいきません。

HACCPを構築するならまず、経営者が「HACCPを構築する理由はこうだ」「わが社の目指す経営理念はこうだ」と現場作業者に伝えます。そのうえで、HACCPチームを作り、そのチームにHACCPを理解させ、習熟してもらいます。このような活動をしていけば、現場作業者に「HACCPプラン」が伝わり、HACCPが適切に運用されるようになります。こうして食中毒などの人の健康に影響する危害要因がなくなり、安全で安心な食品を提供できる製造現場になるのです。

また、HACCPの土台である一般衛生管理(5S活動[2]や食品衛生7Sなど)を行えば、食品の製造環境と製造機械・器具を清潔にできるため、食品への二次汚染や異物混入が予防できます。さらに、HACCPが有効に働くことで取引先からの信用が増し、取引も増えます。また、新規取引先が来社したときにも、「ここは安心だ」との印象を与えるので、信用を勝ち取りやすくなり、自然と新規取引が増えていきます。

Q.36 HACCPシステムとは何ですか？　何をすればよいですか？

A.36 HACCPシステムとは、「原材料の入荷から製造、保管および出荷までの工程の衛生管理を行い、安全性の高い食品を消費者に届けるためのシステム」です。このHACCPを構築・運用するためには、以下の7原則12手順を実行する必要があります。

手順１：HACCPチームを作る。

手順２：製品の規格・基準を文書にまとめる。

手順３：製品の使用方法や対象者を明確にする。

手順４：製造工程図(フローダイアグラム)を作成する。

手順５：手順４で作成した製造工程図が現場での流れと合っているかを確認する。

手順６：危害要因を分析する。（原則１）

手順７：CCPがあるかどうかを判断する。（原則２）

手順８：CCPがある場合、適切に管理できているかを判断するための管理基準を決める。（原則３）

手順９：CCPがある場合、CCPが適切に機能していることをモニタリングする方法を決める。（原則４）

手順10：不具合があった場合の改善措置の方法を決める。（原則５）

手順11：決めたことが守られているかを確認する方法を決める。(原則６)

手順12：文書や記録を管理する方法を決める。（原則７）

社長などの経営層が声がけを行い、(外部コンサルタントを含む場合もありますが)原則社内の人材を活用しながら、上記の手順を実行していくとHACCPシステムが構築できます。そして、構築したHACCPシステムを日々運用しながら、必要に応じて更新することになります。

Q.37 HACCPの進捗を自分たちで確認する方法はありますか？

A.37 HACCPの実施度合い(進捗)を自己診断する方法はあります。具体的には以下の検討をすることになりますが、このとき常に衛生管理をレベルアップできるように努力することが大切です。

「HACCPに基づく衛生管理」では、コーデックスのHACCP 7原則12手順にもとづき、食品等事業者自らが使用する原材料や製造方法等に応じた計画を作成し管理していきます。このとき、HACCPの実施度合いを自己診断するには、工程内における不良品の出方、お客様からの情報(特にクレーム情報など)をもとに、以下のような点をチェックします。

① 12手順(**Q36**)の手順2と手順3について、記載事項を確認します。「原材料」「流通経路」「意図する消費者」などが当初の計画時点から変更されていないでしょうか。これらの項目を変更したり、「消費者として意図していた成人ではなく乳幼児や高齢者が食した」といった意図しない消費者行動によってクレームに発展する可能性があります。

② 12手順の手順4と手順5で作成した「製造工程図」と「実際の工程」との間に一部でも変更があった場合、CCPの再設定が必要になる場合があります。なぜなら、「本来CCPが的確に働いていれば起こらないクレームが出ているとき、工程が変更されていた」といったケースが考えられるからです。

③ 12手順の手順6の「危害要因分析」を「正しくできているか」「CCPが適切か」と検討することも大切です。その判断のためには、工程内不良が出ている原因や、顧客からのクレーム内容などを検討します。本来CCPが的確に働いていれば起こらないような

クレームが出ているときは、その原因究明が最大の課題です。

④　一般的衛生管理を含めたHACCPシステムについて、「適切に管理されているかどうか」を検証することも必要です。

危害要因分析を含めたHACCP関連の情報源として、(一財)食品産業センター「HACCP関連情報データベース」[2]が参考になります。

「HACCPの考え方を取り入れた衛生管理」では、各業界団体が作成する手引書[3]を参考に、簡略化されたアプローチで衛生管理をします。しかし、この場合も重大なクレームなどが出ているときには「HACCPに基づく衛生管理」と同じような検討が必要です。特に、大きなクレームがなく不良品などの発生も少ないときには、日々の衛生管理の記録を定期的に見直し、「食品安全に関連する問題が起こっていないか」を確認してください。さらに、より安全な食品を提供するための改善策について検討することも必要でしょう。

なお、東京都は、小規模な一般飲食店のHACCPの取組みを支援するための「食品衛生管理ファイル」を福祉保健局ウェブサイトの「食品衛生の窓」[5]に掲載していますので、参考にしてください。

Q.38 少人数の会社でもHACCPはできますか？

A.38 人員および知識に限界があっても、外部からの助けを積極的に借りることで、HACCPを理解し、また食品安全に関する知識と情報を共有でき、HACCPを構築できるようになります。

コーデックスHACCP[6]の１つ目の手順「HACCPチームの編成」で「最も望ましいのは多くの専門分野にわたるチームを編成すること」とありますが、ここで「人数が問題なのではなく、専門性と網羅性が重要であること」が示されています。そのためには、自社商品に関連する食品安全、食品衛生に関する情報や知識のほか、製造装置に関する知識を持ち合わせていることが大事です。また、従業員教育や顧客からの情報も食品安全に関与しますので、できれば総務や営業などの部門からもメンバーが選出されることが望ましいです。

また、コーデックスHACCPには「こうした専門的知識を利用できない場合は、商業界および産業界の協会や独立した専門家、規制当局、HACCPの文献、HACCPのガイダンスのような他の情報源から専門的助言を入手すべきである」とあります。つまり、社内だけで「専門性」「網羅性」が不足していると判断した場合、所属している団体や保健所、コンサルタントなどから情報や助言をもらうことも検討すべきです。

Q.39 外部のコンサルタントのよい探し方や選び方はありますか？

A.39 よりよいコンサルタントを探すには、関連するウェブサイトを探すだけでは不十分です。できればその人となりを知っていそうな個人や組織から紹介してもらうのがよいでしょう。例えば、(防虫防鼠(そ)や洗剤販売など)出入り業者、取引先の個人・組織、商工会議所のような団体などから紹介してもらうとよいでしょう。

こうしてコンサルタントの候補を選べれば、後はそれを絞るだけです。面談してコンサルタント候補の方針を聞いてみましょう。例えば、「現場重視なのか、とりあえず文書や記録を整備することを重視するのか」「どのくらいの頻度や方法で指導をしてもらえるのか」を確認したうえで、自分たちの考えに合っているコンサルタントを採用するのです。

コンサルタント選びは、とても重要です。自分たちの組織に合うコンサルタントに協力してもらえば、迅速に効果的な仕組みを構築できますが、自分たちに合わないコンサルタントを選んでしまうと、緩慢で非効果的な仕組みを構築することになります。長い付き合いになるコンサルタントは、じっくりと時間と労力をかけて選ぶことを勧めます。

Q.40 HACCP構築にはどの程度の時間(期間)がかかりますか?

A.40 HACCPチームの人数や各人の能力(特にパソコンの入力や手書きの文書などの作成能力)によって異なるものの、一般的に1年程度で構築ができます。この際に重要なのは構築までの計画を綿密に立てることです(図5.1)。

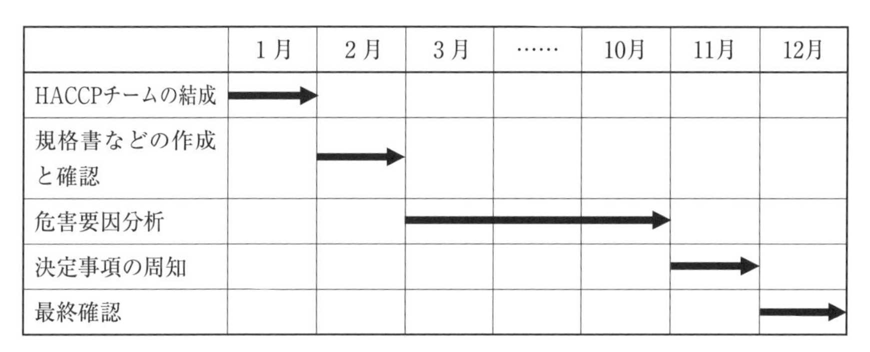

	1月	2月	3月	……	10月	11月	12月
HACCPチームの結成	→						
規格書などの作成と確認		→					
危害要因分析			→	→	→		
決定事項の周知						→	
最終確認							→

図5.1 HACCP導入スケジュール(例)

Q.41 HACCP構築にはどの程度の費用がかかるものですか?

A.41 HACCPの導入・実施に当たって、施設・設備にお金がかかるケースは多くありません。導入前の衛生管理や製造工程管理の状況によっては、衛生管理をより充実させるための作業が増えるので、コストが増える可能性はありますが、下記のように考えることで、現在の管理状況と目指す管理レベルからハードとソフトのバランスを適切に見極めることで、HACCPの導入に必要なコストを最小化することができます。HACCPチームの残業代などを除けば、最小は文書保存用ファイルの購入者のみの数千円程度でHACCP構築は可能です。

HACCPではハード(施設・設備)の基準ではなく、ソフト(手順とその運用)の考え方が重要です。HACCPは、安全な食品を製造するために必要な基準や手順を決めて全員で守ることが必要な取組みです。定められている食品衛生法施行規則の施設基準は守る必要がありますが、原則的に食品工場としての基本的な遵守事項を守ればよく、現在食品を製造し取引しているのであれば満たしていると考えてよいのです。

ただし、必要に応じて基本的な施設・設備以外も必要になる場合があります。例えば、加熱装置が不安定な場合、モニタリングのために高い頻度で温度測定をする必要があります。また、作業担当者が都度温度を測定しなければならない場合、装置を見直して測定頻度を下げたりモニタリングを自動化するための設備投資を行うこともあるでしょう。

Q.42　HACCP構築に必要な経費への補助金などはありますか？

A.42 一般的に、国や地方公共団体等の補助金の募集は、毎年名称や募集方法が変わりますが、中小企業基盤整備機構のJ-Net21で、補助金・助成金・融資の情報を探すことができます[7]。補助金は募集期間が短く、申請書類などの準備が多いので、中小企業診断士、行政書士、食品衛生コンサルタントなどの専門家と相談することが肝要です1)。

農林水産省では、現在まで「輸出向けHACCP等対応施設整備」を支援する事業の事業者が補助金の対象となっています。これはHACCP構築の支援が、農林水産省の掲げる農林水産物・食品の輸出額の拡大という目標の実現にかかわってくるからです。

また、HACCPに特化した補助金ではありませんが、ものづくり補助

1）　例えば、NPO法人食品安全ネットワークには経験豊富なコンサルタントは当然として、中小企業診断士や行政書士も所属しています。興味があれば、ぜひ問い合わせてください。

金など事業者を応援する制度もあるため、設備投資などを検討している場合はこちらも活用できるでしょう。また、日本政策金融公庫が提供するHACCP資金といわれる融資制度もあります。一見HACCPとは無関係で大々的に募集されていなくても「知る人ぞ知る補助金」が過去にはありましたので、その意味でも専門家との相談が重要です。

Q.43 HACCPの構築・運用で食中毒は絶対に起こらないですか？

A.43 HACCPの構築後、的確に運用・実践すれば腸管出血性大腸菌O157等の生物的危害要因による食中毒は防げます。

しかし、2000年に大手乳業メーカー(以下、A社)が大規模食中毒事件を起こし、13,000人超の被害者が出ました。A社は1995年施行の「総合衛生管理製造過程」の認証を取得していたのに、なぜこのような事件が起こったのでしょうか。その経過は以下のとおりです。

「低脂肪乳等を原因とする食中毒事件の原因は同社のT工場において停電により脱脂粉乳の製造ラインが止まり、その対応が出来ずに黄色ブドウ球菌が増殖し、乳材料に毒素(エントロトキシン)が産生しました。この乳材料は、本来廃棄処分にすべきところ、製造に回され毒素残存脱脂粉乳となりました。O工場でこの毒素残存脱脂粉乳から乳飲料を製造、出荷したため食中毒が発生しました。」[2)]

「総合衛生管理製造過程」は、HACCPの考え方にもとづいた安全管理手法です。A社では脱脂粉乳の微生物検査基準を逸脱していたのに、「廃棄したらロスが出る」との思いから「安全性に問題がない」として使用したのです。総合衛生管理製造過程で決めたとおりに実行していれば、この脱脂粉乳は廃棄され食中毒は防げました。

2） 日和佐信子氏(元A社外取締役)の2004年6月23日講演「お客様・消費者に信頼されるために」の発言をもとに筆者がまとめました。

以上のように、HACCPを構築・運用していても、HACCPで決めたことを遵守しなければ食中毒は起きます。加えて、次のような事例から見て、HACCPだけで食中毒が防げないのは明らかです。

「小学校で大規模ノロウイルス食中毒事件が起きました。2014年１月14日に提供された食パンで1,271人が食中毒の被害にあいました。食パンは生地を200℃で50分焼成するために生地がノロウイルス汚染していたとしても、加熱工程(85～90℃で90秒以上)があるためにノロウイルスは失活します。焼成後にノロウイルスの汚染が発生したのです。焼成後の工程に従事する従業員23人の検便を実施した結果、４人からノロウイルスが検出されました。ノロウイルスが検出された４人は、食パンに異物がついていないかを一枚一枚検品していました。検品時には手袋を着用していましたが、手洗いが不十分、また手袋の着用方法が不適切で手袋がノロウイルスに汚染していました。」[3)]

この事例から手洗いや健康管理を定着させる一貫した取組み(食品衛生7S)や、一般衛生管理(前提条件プログラム)の構築と遵守ができていない場合には、HACCPを構築・運用できても食中毒は防げません。

Q.44　HACCPの構築・運用で異物混入は防げますか？

A.44 HACCPを構築・運用できれば、健康被害に重篤性のある異物の混入は防げますが、それ以外はHACCPだけで防ぐことはできません。

HACCPは生物的・化学的・物理的な要因の危害要因分析を行い、「健康被害の重篤性がある」と判断した場合にCCPを設定し、危害を防止するシステムです。そのため、HACCPの異物混入防止で重要なのは、原料や製造工程ごとに人に危害を与える要因を分析することです。例え

3）　日本食糧新聞社：『月刊食品工場長』、No.211、2014年11月号をもとに筆者がまとめました。

ば、原料や製造工程中に異物混入がある(特に金属類が入っている)と仮定すると、口の中に入ればケガをする恐れがあるので「重篤性がある」と判断します。次に、「その異物をどの工程で除去するか」考え、CCPを設定します。

このとき、金属探知機を設置していれば、当該の工程に製品を通過させて金属を除去できるのでCCPとして設定できます。一方で金属探知工程がない場合には、包丁等の器具やスライサー等の機械の使用前点検と使用後点検が必要になります。もし、使用前点検で異常がなくても、使用後の点検で欠けや割れが発見できた場合、その日の製品の出荷を停止します。そのため、金属探知工程がない場合、器具や機械等の管理マニュアルを作成し、異物混入を管理する必要があります。

しかし、HACCPでは、重大なクレームの原因になりかねない毛髪や昆虫類やビニール類の混入については、間違って食べても健康に影響が出るものではないため、危害要因の対象としていません。この理由から、異物混入防止については、食品衛生7Sや一般衛生管理(前提条件プログラム)の構築と遵守が必要となります。

特に食品衛生7Sについて、構築・運用している事業所は、「異物混入防止に効果がある」[8]~[13]といっています。以下がその一例です。

① 従事者の意識に関しても洗浄・殺菌の必要性が理解され、一つひとつの作業が確実に実施されることにより、製品全体の初発菌数が下がり、品質が向上しました。また、異物混入等のクレーム総数も前年度に比べて大きく削減されました。(漬物)

② 管理職をはじめ従業員意識の改善が進み、清潔な製造環境が構築されてきました。その結果、異物混入をはじめとしたクレームが30%減少しました。なかでも、長年苦労してきた真菌(カビ酵母類)に関するクレームはゼロになり、食品衛生7Sの目的は「顕微鏡レベルの清潔」だと改めて実感できました。(練り製品)

③ この間発生した異物混入の原因を振り返れば、清掃のレベルダウンに由来するものだったと思います。事実、食品衛生7Sの取組みを行い、異物混入は激減しました。すべての基本である清潔を目的に、まず整理・整頓を行い、清掃・洗浄・殺菌を徹底したので異物混入のクレームを減らすことができました。(製菓)

Q.45 HACCPの構築・運用で髪の毛や虫の混入は防げますか？

A.45 HACCPの構築・運用だけでは、毛髪や昆虫の混入は防げません。毛髪および昆虫の混入を防ぐためには以下のような対策が必要です。

（1） 毛髪混入の防止策

頭髪の抜け替わりの周期は４年〜６年(平均５年)です。一本ごとに時期はばらばらですが、頭髪は約10万本あるので、落下本数の概算は10万本÷５年＝２万本／年、２万本÷365日≒55本／日、つまり毎日約55本抜ける計算です。これと同様にして、他の体毛も毎日抜けていきます。

問題は、「毎日抜ける人毛をどこで抜かす(落とす)のか」です。食品メーカー勤務にとって「毎日の入浴・洗髪」は当たり前です。ここで生え変わる毛髪の多くを落とします。次に出勤前に頭髪のブラッシングを20回し、作業所に入る前には30秒以上全身粘着ローラかけします。粘着ローラの除去作業は入室前だけではなく、ローラ掛け担当者を決めて作業中の午前・午後にも行います。そのときに着いた毛髪の記録をとると、特定の個人に集中する場合があるので、個別対策が必要になります。

更衣室の床には毛髪がかなり落ちているため、定期清掃することで製品への毛髪混入を防げます。例えば、ある事業者で毛髪混入対策として更衣室清掃を全員参加の当番制にした結果、毛髪混入のクレーム件数は上期に６件(実施前)あった一方、下期は０件(実施後)になりました。

（2） 昆虫混入の防止策

昆虫混入の防止策のポイントは、「①工場内部で発生させないこと」「②工場外部から侵入させないこと」の２点です。

① 工場内部で発生させないポイント

内部を清潔な環境にすることが重要で、そのためには「食品衛生7S（整理・整頓・清掃・洗浄・殺菌・躾・清潔）」の構築が必要です。まず、整理・整頓を通じて、清掃しやすい状況を作り、食品残渣やごみ等を除去します。清掃が十分にできる状況になれば、洗浄や殺菌の効率性が上がり、工場内部が清潔になります。

② 工場外部から侵入させないポイント

出入り口や窓、シャッター等の隙間対策をして、侵入経路を遮断します。例えば、原材料入荷口や製品出荷口の管理を厳格にして、素早く開け閉めを行います。ドッグシェルターの設置ができればさらに対策が進むでしょう。ドッグシェルターが設置できないところは、搬入口や出荷口の外側に大型の扇風機を設置し、入出荷の際、出入り口が開いたときに送風するようにします。

さらに、捕虫器の活用も重要です。つまり、ただ昆虫を捕まえるだけではなく、捕獲した昆虫の同定も行い、「その昆虫が発生したのが内部からか外部からか」を明確にします。

準備手順

Q.46 HACCPチームは他の組織で代替できませんか？

A.46 HACCPを構築・運用するのに必要なのは、HACCPチームという組織です。重要なのは自社にとって最も活動しやすいHACCPチームを作ることです。改善活動などを行うチームに新たな役割を与えて

HACCPチームの代替としても、「製品」の情報を集約し検討できる組織でなければHACCPチームとして機能しません。そのため、HACCPチームは、「製品」ごとのレシピや細かな製造方法・製造工程と製造設備・機械について、いろいろな情報を把握する必要があります。

個々の「製品」を管理している担当者が複数名いる場合、個々の「製品」それぞれのすべてを説明し管理できる担当者らでHACCPチームを組織することがポイントです。小規模の飲食店など店主が一人で調理を行っている場合、一人でもHACCPチームに置き換えることもできますが、同じ店舗で働く他の人がいる場合は衛生管理の意識の共有や記録の記入などを役割分担することでチームの一員としての意識が向上します。

HACCPチームの重要な活動は、「製品情報をもとにHACCP構築と一般衛生管理をまとめた衛生管理計画を作成すること」と、「衛生管理計画に従った衛生管理が製造現場で実施されているかどうかを確認・検証すること」です。

HACCPチームには、トップマネジメント(社長あるいは最高責任者)から任命されたリーダーが必要です。リーダーに適任なのは、自社の製品情報だけでなく社内の各部署の作業内容や工程を理解し、会社全体をHACCP構築に巻き込むことができる人です。HACCPチームは、リーダーが衛生管理に関する計画を立案したり、計画実施の確認・検証を進めるときにサポートできるメンバーを選出します。

Q.47 HACCPチームに適切な要員は何人ぐらいですか？

A.47 HACCPチームは、専門的な知識や経験をもつ人たちの集まりであるべきです。複数の部署(課や部など)がある組織なら各部署から1名以上選ぶのが望ましく、チームの人数に明確な基準はないものの適切なのは5～10名くらいでしょう。なお、小さい組織でHACCPチームを作る場合は、2～3名(リーダー、製造作業員、事務作業員)の場合もあります。

HACCPチームに求められるのは、「HACCPそのもの」に関する知識は当然として、以下のような知識および経験となります。

- HACCPにかかわる法令
- HACCPの実施を効率化するための情報(IT)技術
- HACCPの対象である製造現場そのもの
- 製造現場における品質管理
- 製造装置およびその保全
- 製造前の原材料
- 原材料および加工品にかかわる微生物

有意義な議論を行う最適な人数は4～10名という話[14]があります。筆者の経験的にも妥当だと思われます。人数が増えすぎると責任の所在があいまいになるため、HACCPチームの肥大化は避けたほうがよいです。

Q.48 HACCPチームの活動活性化への対処法はありますか？

A.48 チームが活動できない理由に応じて活性化する対策も異なります。どのような状況であっても絶対に必要なのは、「絶対にHACCP

表5.1 HACCPチームの課題と対処方法(例)

課題	対処方法
忙しくて集まれない。	わずかな時間でもかまわないので、集まる時間を決めて集まる。
何をしたらよいのかわからない。	12手順に沿って、順番に進めてみる。
チームメンバーが積極的ではない。	経営層に相談して、チームの重要性を発表してもらう。

を構築し、運用するのだ」という経営層の強い意志です。それがなければ、HACCPチームはうまく機能しません。HACCPチーム活動がうまくできない理由と、その対処の一例は表5.1のとおりです。

Q.49 製造部門などの協力を得るには何から始めたらよいですか？

A.49 まず最初に経営者の協力を取り付けることが必要です。具体的には「経営者自らが参加するキックオフ大会を開くこと」「経営者がキックオフ大会で全従業員に直接HACCPを導入する必要性と得られる利点を話してもらうこと」が必要です。この後でなければ、HACCPチームを作っても、「何のためにHACCPを構築するのか」への理解が不十分なので、「HACCP制度化でやらなければならないから」「取引先から言われているから」といった「やらされている感」から脱却できないままです。

経営者はHACCPチームを結成する際に改めて、自分の言葉で「一般衛生管理(食品衛生7S)を土台にHACCPを構築・運用することで、安全な自社製品を製造し、お客様に提供する。これこそが、お客様に安全・安心を感じてもらえる一番の取組みだ」と強調すべきです。そのとき、「自社の持続と、従業員とその家族の幸せを守るためにHACCPを構築する」旨を宣言します。こうした言葉をかけることで、HACCPチームのメンバーの士気が充満し、本当に役に立つHACCPが構築できます。

Q.50 HACCPチームの打合せの頻度はどの程度がよいですか？

A.50 HACCPチームの打合せの頻度に決まったルールはありません。一般的な打合せの頻度としては、最低でも月1回でしょう。

会合の頻度は、自組織の現状に合わせることが重要ですが、一番重要なのは「一度決めたら守ること」です。例えば「忙しいから今回はなし」とすると、会合が長引き、チーム自体も活動しなくなります。

一般的に打合せは最低でも月１回は必要で、月初、月末、第○週の○曜日のように、具体的に日取りを決めることが重要です。議題は、HACCPの12手順(Q.36)どおりに進めていくのがよいでしょう。

Q.51 HACCP導入と改善活動との兼ね合いはどうすべきですか？

A.51 改善活動とは、食品衛生7S(整理・整頓・清掃・洗浄・殺菌・躾・清潔)かそれに準じた活動のことだと思います。まずは、HACCPの仕組みを構築し、その後に改善活動を始めることを勧めます。HACCPの導入と並行して、食品衛生7Sのような改善活動を行うのは難しいからです。

まず、現状に則したHACCPの導入が完了した後、HACCPチームのメンバーが各工程のリーダーとなって諸々の改善活動を進展させることができれば、HACCPの仕組みが改善され、本当に役立つものになるだけでなく、全員参加の改善活動を進めることができます。

HACCPチームのメンバーは製品の製造業務に携わりつつ、時間を割いてHACCPチームに参加しています。HACCPの７原則12手順によるHACCPプランの作成、特に原則１(手順６)の危害要因分析には相当のエネルギーを必要とします。ある程度の余裕がないと悪戦苦闘しやすい「危害要因」[4)] 分析などに十分取り組めずに、チームメンバーが「改善活動なんかできっこない」と諦めてしまう可能性もあります。これが、

4) 「危害要因」とは「食中毒やケガが起こる原因のこと」であり、「危害要因分析」とは「危害になる要因を分析すること」です。危害要因には生物的(病原微生物等)・化学的(アレルゲン等)・物理的(金属異物等)要因があります。しかし、日常的には毛髪や昆虫・ビニール片等異物混入のクレームがあり、慣れていないとこれらを危害要因と考えてしまうため、混乱することが多いのです。

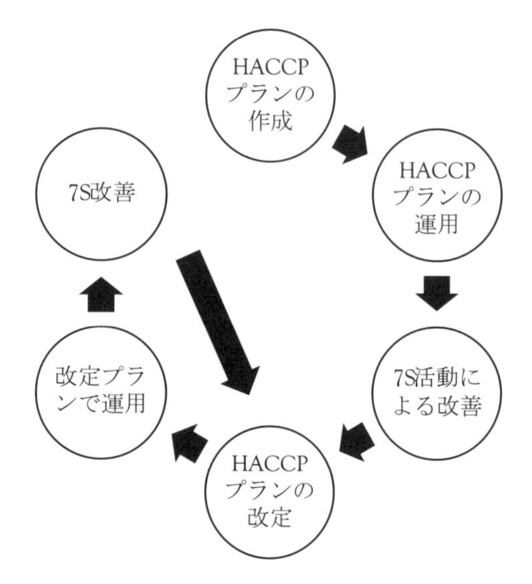

図 5.2　PDCAサイクルがベースの食品衛生7S活動

HACCPの構築と改善活動を並行するのが難しい理由です。

食品衛生7S(改善活動)はHACCPの土台であり、その構築は**図5.2**のようにPDCAサイクルがベースになっています。例えば、HACCPチームで現場を巡回(食品衛生7S巡回)して改善すべき箇所を指摘します。食品衛生7Sでは、「食品衛生7Sパトロール」での指摘事項などといった「問題」を、担当部局で検討・設定するところから活動を始めます。

① 「P(Plan：計画)」：対象となる「問題」の対応策(改善活動の内容)・担当者・期限を決めます。

② 「D(Do：実施・実行)」：対応策の進捗状況を毎週１回の部内会議のなかで報告します。

③ 「C(Check：点検・評価)」：②の際、あわせて改善結果の検証と良否を判断します。ここで改善された場合は活動を継続します。

④ 「A(Act：処置・改善)」：③で不十分な点が明らかになった場

合、再び原因を追求したうえで、もう一度①に戻り、改善活動を継続的で確実なPDCAサイクルとして進めます。

HACCPの土台である一般衛生管理および食品衛生7Sによる改善活動が進むごとに、HACCPの仕組みも変化します。通常、改善が進めば進むほどHACCPの仕組みは対応しやすい簡素なものになり、関係者すべてが積極的に改善活動を進めるようになります。

Q.52 製品説明書に製品規格を必ず記載する必要はありますか？

A.52 製品規格は危害要因分析をするのに重要な情報となるため、必ず製品説明書へ記載する必要があります。製品規格とは、「どのような食中毒菌が存在し悪影響を及ぼすのか」「それを防止するために、防腐剤などを使用する場合はどの程度の濃度で使用するのか」「あるいは防腐剤などを使用せずにAw(水分活性)を低く設定して対応するのか」といった製品設計の考え方を文書化したものです。安全な状態で食卓まで商品を届けるために、これらの考え方を把握する必要があるのです。

製品規格で明確にすべき項目については以下のようなものがあります。

細菌検査基準　　塩分　水分(水分活性)　　pH　　糖度(Brix)
包材内酸素濃度　　重金属基準　　残留農薬　　抗生物質　など

製品規格の一例として、食中毒菌である黄色ブドウ球菌を取り上げます。当該菌の特徴は「10^5/g以上まで増殖すると毒素を生産すること」「生存できる条件は、塩分20%以下、水分活性0.83以上、pH4.0〜9.6であること」です[15]。そのため、冷蔵ウインナーなどの加熱食肉製品(包装前加熱殺菌)の黄色ブドウ球菌の規格は10^3/g以下[15]と、「食品、添加物等の規格基準」(国の規格基準)として決められていて、冷蔵ウインナーの製造会社はこの規格以下の数値で管理しています。なぜなら、黄色ブドウ球菌は一定量以上まで増殖しないと毒素を生産せず、10℃以下ではほとんど増殖しない性質もあり、それを見込んでいるからです。その一方、塩分濃度が10～20％である常温販売の梅干しには当該菌の規格基準を設定する必要はありません。多くの常温販売の梅干のpHが約2.0かつ、塩分濃度が10～20％であるため当該菌が増殖できないからです。

このように製品規格を明確にすることで、「危害要因として取り上げるものか、そうでないのか」を判断する際の基準ができるため、適切な危害要因分析ができるようになります。

Q.53 病原微生物の生育限界といわれる水分活性Awとは何ですか？

A.53 Awは、水分活性(Water activity)といわれる微生物の生育限界を示す指標の一つです。

食品中の水分は、微生物が利用できる自由水と食品成分と結合した結合水に分けられます。微生物が利用できるのは自由水だけであり、自由水の割合を示す値が、水分活性です。特定の微生物の生育限界である水分活性値をAwとするとき、食品の水分活性値がそのAw以下であれば、その微生物は生育できず、腐敗などは起こりません。

食品を設計するとき、その食品を腐敗させないようにするためにAwは大変重要な値です。そこで、食品設計では食品のAw値を調べ、その値を減少させるために砂糖、食塩、有機酸、アミノ酸などを加えて、危害要因として特定した微生物が利用できないAw値まで減少させ、微生物の発育による劣化や腐敗を起こさせなくすることが多いです。

食品殺菌工学という分野を確立させた芝崎勲先生は、「病原細菌は、黄色ブドウ球菌以外の病原細菌はAw＝0.94、一般腐敗細菌ではAw＝0.90が、発育最低Awであり、黄色ブドウ球菌Aw＝0.86、好塩細菌Aw＝0.75，一般酵母Aw＝0.86、かびAw＝0.85、乾性かび及び耐浸透圧

表5.2 Mossel D.A.A.(1971)が測定したAw値

微生物の種類	Aw値
グラム陰性菌、芽胞形成菌の一部、酵母の一部	0.95
大部分の球菌、乳酸菌、好気性芽胞形成菌、糸状菌の一部	0.91
大部分の酵母	0.87
大部分の糸状菌、ブドウ球菌	0.80
高度好塩細菌	0.75
耐乾性糸状菌	0.65
好浸透圧酵母	0.60

出典) D. A. A. Mossel(1971):"Physiological and metabolic attributes of microbial groups associated with foods", *Journal of Applied Bacteriology,* Vol.34, pp. 95-118.

性酵母ではAw＝0.65〜0.60」であると記載されています[16]。また、Mossel D.A.A.(1971)は、Aw値を測定して**表5.2**にまとめています[15]。

この表は、多くの人に引用されています[15]、[17]〜[19]。しかし、試験に用いられる微生物の菌株による違いや、その微生物の培養方法などの違いにより、Awの値は、微妙に異なります。

食品設計にAw値を用いるときには、危害要因分析で取り上げられた微生物のAw値をいくつかの文献で調べ、安全側にAw値を見て用いるのがよいでしょう。

Q.54 対象とする消費者像はどのように考えるとよいですか？

A.54 対象とする消費者像を絞ろうとしても「不特定多数の人々が食べるため、特定できない」のなら、食品安全上は「一般消費者」という扱いになります。しかし、「他に何か区別する要因はないのか」をよく検討する必要があります。この内容いかんで、危害要因そのものやその水準が変わる可能性が高いからです。こういった区別については、例えば、「“健康な人向けの食品”と“病院食”(身体の健康状態で区別)」「“嚥下障害のない人”と“嚥下障害のある人”(障害の有無で区別)」「“大人向けの食品”と“乳幼児向けの食品”(一定の年齢で区別)」といったものが考えられます。

Q.55 製造工程図は手書きでも大丈夫ですか？

A.55 製造工程図は、手書きでも問題はありません。しかし、製法の変更や修正を行うことも想定されるので、その手間を考えると製造工程図はパソコン等によって作成し、何らかの電子媒体に保存するほうがよいでしょう。実際、伝統食品や定番商品でも数年の間隔で変化する消費者の嗜好に合わせたリニューアルを実施したり、製造の効率化による製法の変更なども行われているはずです。その際、今まで特定されなかった危害要因が潜んでいる可能性もあるので、速やかに製造工程図の改訂を行い、改めてHACCPチームは危害要因分析を行う必要があります。

また、製造工程図はHACCPを構築するうえで重要な文書なので、改ざんされにくい手段をとることが望ましいです。例えば、鉛筆や消せるボールペン、修正液などの文具を使わない配慮は必要です。ただし、どうしてもそのような文具を使わざるを得ない場合、「作成後にコピーをとり、それを原本として管理する」といった処置が必要になります。

食品安全の国際規格ISO 22000では、製造工程図(フローダイヤグラム)について「文書化した情報として確立し、維持し、更新しなければならない」[20]とあります。つまり、手書きであるかどうかは問題とされず、「常に正しい内容(現場と同じ内容)であること」「一度作成して終わらせずに常に改版の必要性がないか確認し、適正な状態を維持すること」を求めています。手書きかどうかを気にすることよりも、製造工程図の管理運営方法を明確にするほうがより重要なのです。

Q.56 HACCP取得時には全商品に製造工程図が必要ですか？

A.56 製造工程図はすべての商品ごとにつくる必要があります。しかし、正しく危害要因分析ができるのであれば、商品群でまとめて一つにするほうが文書管理もしやすく、またそうしたほうが適切な場合もあります。

HACCPは「危害要因を見つけて、それを管理する方法を確立する手法」なので、「一つの商品に一つの製造工程図を作成し、危害要因分析を漏れなく適切に行うこと」が理想です。しかし、多くの食品製造事業所では数十〜数百種類の商品取扱いが想定されるため、商品個別に作成すると労力がかかりすぎて非現実的です。そのため、商品をいくつかのグループにまとめて分類し、対応するのが適切な場合もあります。

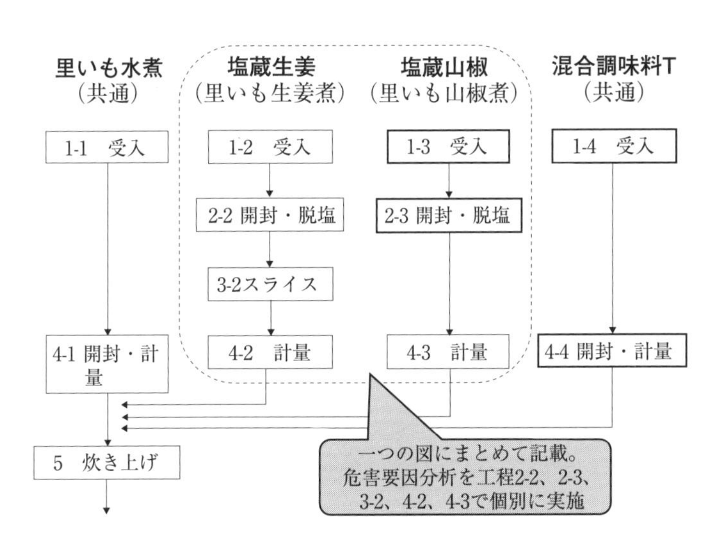

図 5.3 複数アイテムを一つの製造工程図にまとめた例

例えば、煮物商品において「里いも生姜煮」と「里いも山椒煮」の２品を製造しているとします。副原料で生姜と山椒が異なり、かつ前処理工程も異なりますが、その他の里いも原料の前処理や炊き方、包装殺菌工程は同じとします。この場合、想定される危害要因(土壌由来の芽胞形成食中毒菌など)が大きく異ならないので、一つの製造工程図に記載し(図5.3)、危害要因分析を個別に行うのなら問題はないでしょう。

Q.57 製造工程図はどこまで細かく記述する必要がありますか？

A.57 製造工程図の目的は「製造工程を理解したHACCPチームが７原則12手順の一つ「危害要因の分析」を実施する際に役立つ情報とすること」にあるので、詳細な内容を作成する際に次の要素が求められます。

① 普段、製造に従事している人たちが使う(もしくは会社として公式に使う)工程の名称や単位を使っているのか

② 直接製造に携わっていないHACCPチームのメンバーでも理解できる程度の記述になっているのか

③ 危害要因の分析をしたときに、危害要因を抽出できる程度に内容が記されているのか

例えば、煮物商品に使う人参の前処理方法として「表面の洗浄」「皮むき」「小口切り」という３つの行為をひとまとめにして製造従事者が「前処理」とよんでいるとします。これは上記①を満たしていますが、②と③は満たしていません。仮に、この３つの行為を知ったうえで物理的危害要因を分析してみれば、「表面の洗浄」不足による硬質異物の残存、「皮むき」や「小口切り」時の刃物由来および設備の固定ネジ等による硬質異物の混入など複数の危害要因が考えられます。しかし、これらを「前処理」だけで一括りにしてしまうと、さまざまな危害要因が漏れてしまい、適切に分析できない危険性があります。

HACCPを初めて構築するときには、このように「行為をどのように区切るか」で悩むことがあると思います。そんなとき、製造や品質管理の担当者はまず、①を満たすことだけを考えて製造工程図のたたき台を作成したうえで、HACCPチームがその内容を確認・精査し、上記②や③の要素を満たすまで練り上げていくのがよいでしょう。

Q.58 製造工程図の現場の確認は、どのように行うとよいですか？

A.58 製造工程図の現場を最初からすべて確認するのは大変重要な作業です。類似商品であれば、ひとまとめにして製造工程図を確認することもできますが、製造工程図全体の確認作業は相当の時間がかかっても必ず実行してください。

製造工程図の目的は、(**Q.57**と同様)「HACCPチームが「危害要因分析」を実施するときに役立つ情報にすること」であり、実際に稼働しているときに製造工程図の内容を確認するのが理想です。製造工程図に誤った内容があると危害要因分析やCCPの決定などが正しくできません。

例えば、「里いもの煮物」について製造工程図を作成したとします(**図5.4**)。その内容には「炊いた里いもを計量包装後、殺菌する」という流れが記載されていましたが、計量包装工程の現場確認を行うと重量基準逸脱品については「常温で一時置きをし、袋を開封して中身を取り出し液切した後、再計量していることが判明する」といったことは起こり得ます。

この工程の危害要因分析では、現場確認をしなければ「未殺菌品が常温放置されることによる病原微生物の増殖」「再利用時に器具や手指を介しての病原微生物汚染」などの生物的危害要因が顕在化したかもしれません。筆者の経験でも、「初めて製造工程図を作った後に現場確認を

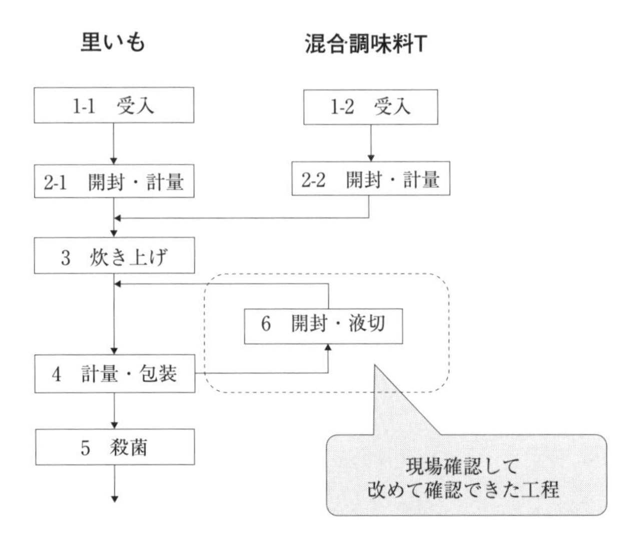

図5.4 製造工程図を現場確認して漏れが発覚した事例

実施し、修正箇所が1箇所もなかった」などという食品事業所を見たことがありません。

正しい危害要因分析のためには、一度作成した製造工程図のすべての工程について、必ず現場確認をしなければなりません。ただし、どうしても現場確認ができない場合は、稼働していない時間帯にでも実際の設備や備品がある現場に出向き、現場・現物を確認しながら工程を追うやり方でも問題はありません。この場合、確認後にHACCPチームにいる工程を熟知しているメンバーからフォローを受ければよいのですから。

コラムC HACCPの歴史

(1) HACCPの誕生

1957年10月4日にソ連がスプートニク1号を打ち上げました。これを受けて、1958年に米国航空宇宙局(NASA)が誕生しますが、翌1959年にNASAは、将来的な長期宇宙滞在を考えて、ピルスベリー社と宇宙食開発契約を結びます。1961年４月ソ連のガガーリンによる地球一周飛行を受けて、J.F.ケネディ大統領はその１カ月後（５月25日）にアポロ計画（月旅行計画）を発表しました。宇宙開発競争の勃発です。

ピルスベリー社は、NASAと米国陸軍ネイティック研究所などと共同で、HACCPシステムの原型を作り、1971年４月、コロラド州デンバーで行われた“National Conference on Food Protection”（全国食品保蔵会議）において発表しました。論文タイトルは、“An examination of the importance of CCPs and Good Manufacturing Practices (GMPs) in the production of safe foods”（安全な食品を生産するために必要なCCPsとGMPsの重要性に関する一試行）（Abstract（要旨集）、pp.57-83）です。残念ながらここにHACCPという文字はありません。翌年に発表された要旨集には「CCPをどう考えるか」「どのような工程をCCPとするか」がおおいに議論された様子が記載されています。

1973年当時のHACCPの原則は、「危害要因分析の実施」「必須管理点の決定」「モニタリング」の３原則のみでした。1974年には、食品技術者協会（Institute of Food Technologists：IFT）年次大会のシンポジウムで、HACCPについて議論をしています。同年、HACCPの考え方を取り入れた低酸性食品缶詰の規制がなされ、これが初めてのHACCP規制といわれていますが、この法律にもHACCPという文字はありません。

（2）　腸管出血性大腸菌O157とHACCP

1982年になり、オレゴン州、ミシガン州などでビーフハンバーガーの腸管出血性大腸菌O157汚染による広域食中毒が起こり、47人もの有症者が出ます。腸管出血性大腸菌O157は、極少量の摂取でも発症するため、従来の「付けない、増やさない、やっつける」の食品衛生３原則では、対応できそうにないことがわかりました。そこで、米国科学アカデミー（National Academy of Science：NAS）は、この問題を検討し、宇宙食の製造に用いたHACCPの有効活用を勧告します。

この勧告を受け、食品微生物基準全米諮問委員会（National Advisory Committee on Microbiological Criteria for Foods：NACMCF）が、1989年に「HACCPの７原則および食品生産のためのHACCP適用のための系統的アプローチ」を発表します。これが有名なHACCPの７原則です。しかし、「７原則のような簡単な方法でHACCPの仕組みを作り上げ、効果的に活用できるかどうか」を実際に検証するため、いくつかの企業で実践されることになりました。ところが、その最中の1993年１月に、また腸管出血性大腸菌O157に汚染されたハンバーガーよる大規模食中毒事件が起こります[5]。

そのため、消費者団体などから「当局の対応が遅い」と激しい抗議の声が上がります。そこで、翌1994年12月にFDAによる水産食品HACCPが、1995年１月には米国農務省による食肉HACCP が発表されます。少し遅れて2001年には、FDAによるジュースのHACCPが発表されました。

（３） コーデックスHACCP

1962年に誕生したコーデックス委員会は、1969年に「食品衛生の一般原則」を発表します。内容は一般衛生管理(適正製造規範：GMP)です。2003年になり、コーデックスは、先に発表した食品衛生の一般原則の付録として、「HACCPシステムおよびその適用のためのガイドライン」を発表しました。現在、国際的に認められているHACCPが、このコーデックスHACCPです。

なお、2005年に発行され、2018年に改訂されたISO 22000も、このコーデックスHACCPを基に作成されています。

7原則12手順

Q.59 危害要因分析は一人で実施してもよいのですか？

A.59 HACCPの知識をどれだけ習得しても一人で実施するのは不適切です。危害要因分析はHACCPチームによる実施が原則だからです。

改正食品衛生法におけるHACCPの制度化はコーデックスHACCPを基礎としていますが、その手順６(原則１)の「危害要因の分析」の項では「HACCPチームは…(中略)…各ステップにおいて、合理的に考えて起こることが予想できるすべての危害要因を列挙すべきである。」[6]とあくまでも「チームで実施するもの」という旨が記されています。

5） ワシントン州、アイダホ州、ネバダ州、カリフォルニア州などで、患者数700人以上、入院患者178人、死亡４人という大事件になりました。

危害要因の分析は「科学的知見」「現在の製造工程」「これまでの経験」などを統合しながら予想していくものです。よって、一人で行うと偏りや漏れが発生し、適切に分析できない危険性があります。

また、コーデックスHACCPの12手順のうち「HACCPチームの編成」は１番目に示され、チームについて「最も望ましいのは多くの専門分野にわたるチームを編成することによって、これ(効果的なHACCP計画の作成)を達成することであろう。」[6]とあります。このことからも一人で実施するのは望ましくないことがわかります。HACCPチームの人数に基準はありませんが、適切な人数の目安は４～10人です(**Q47**)。

しかし、もしHACCP構築にかける時間も人もなく、主に一人で作成作業をせざるを得ない場合、できるだけ幅広い見地を確保するため、社外コンサルタント・保健所・業界団体などと連携するのが望ましいです。

Q.60 危害要因分析で注意すべきことは何ですか？

A.60 危害要因分析の目的は適切にCCPを決定することですから、最初に、想定される危害要因を具体的に列挙することが重要です。

例えば、生物的危害要因である病原微生物では「①(ボツリヌス菌やセレウス菌などの)耐熱性芽胞を形成するもの」と「②(病原性大腸菌やサルモネラ属菌などの)芽胞非形成菌」とで、管理方法が異なります。

100℃以下の加熱工程しかない商品の場合、②は死滅するのでこれをCCPにすることができますが、①は耐熱性芽胞を生残するので発芽を管理する工程、例えば「添加物等を使用し製品pHを調整する」「加熱後速やかに冷却する」などをCCPとする必要があります。このように具体的に危害要因を挙げることで適切な管理手段を構築することができます。

6）　コーデックス食品規格委員会 著、月刊HACCP編集部 訳編(2011)：『Codex食品衛生基本テキスト対訳　第４版』、pp.93-99、鶏卵肉情報センター。

また、「具体的に挙げた危害要因となる物質や生物など」の状態についても、例えば「特定の病原微生物が付着する／増える／残る」などと明確にしたうえで、「付着するのなら、付着しないように取扱いルールを決める」「増えるのなら、温度やpH、水分活性を調整する」と同じ病原微生物であっても管理方法を変更していく必要があります。

重要なのは「HACCPの危害要因に健康危害のないものはとりあげない」ことです。コーデックスHACCP[7]は「危害要因」を「健康への悪影響を引き起こす可能性をもつ」ものと定義[8]しています。具体的な危害要因については、専門書や所属団体のガイドライン、業界団体のウェブサイト[9]を参照してください。出所が明確でないブログなどのインターネット情報は適切な情報源でない場合が多く、参考になりません。

Q.61 HACCPプラン作成時、どこまで同じ製品群にできますか？

A.61 正しく危害要因を管理できるのであれば、対象とする製品群は一括りにできます。つまり、「同一の危害要因で、CCPも同じ工程であり、かつ監視方法と逸脱時の対応(改善処置)が同じで、検証方法も同じである製品」ならば一括りにできるということです。例えば、「CCPを加熱殺菌工程としている場合に、管理基準の逸脱時の対応が「再加熱」と「全廃棄」と異なる商品がそれぞれあるにもかかわらず、これらを一括りにする」のは不適切です。なぜなら、「HACCPプランの理解を誤り、本来“全廃棄”すべき商品を“再加熱”し再使用してしまい、安全でない製品を出荷してしまう」というような事態になりかねないか

7） 前掲『Codex食品衛生基本テキスト対訳 第4版』、p.85。
8） Q.45でも触れていますが、日頃から食品クレームの原因となる小さな紙片やビニール片、毛髪の混入は、「危害要因」にならないため、HACCPだけでは防げません。
9） 食品産業センター：「HACCP関連情報データベース」「食品の危害要因」(https://haccp.shokusan.or.jp/haccp/information/)

らです。

HACCPは危害要因を見つけ、それを管理する方法を確立するものなので、本来は一商品に一つのHACCPプランを構築するべきですが、それでは多くの製品を製造する事業所の管理に相当な労力がかかります。かといって、効率化を重視するあまり、闇雲に商品群を一括りにしてHACCPプランを構築するのは危険です。あくまでも危害要因を基本として考えて、「一括りにすべきか、分けるべきか」を考えましょう。

Q.62 危害要因の洗い出しはまず何から始めればよいですか？

A.62 危害要因の洗い出し(分析)を行う前にコーデックスHACCP[10)]で示される手順1～5を実施することが重要です。それらを前提として、初めて、手順6(危害要因分析のための危害要因の洗い出し)を行うことができます。

手順1～5では、HACCPチームを編成し(手順1)、製品説明書の作成などで対象製品の情報(使用原材料、製品規格など)をまとめ(手順2)、そこで対象とする消費者や食べ方も明確にします(手順3)。そして、製造工程図を作成し(手順4)、その内容の正しさを現場で確認するのです(手順5)。

手順1のHACCPチームには、微生物学や食品機械工学などの知識のみならず、食品関連法規の知識などが必要になるため、食品安全固有の知識をもつメンバーも含めてチームを構成することが推奨されています。

手順2では、原材料や包装資材にかかわる食品安全関連の情報(微生物基準、塩分、水分、使用原材料、製造工程・危害要因の管理工程の有無など)だけでなく、所属団体や保健所からの情報、過去の同一・類似

10) 前掲『Codex食品衛生基本テキスト対訳 第4版』、pp.93-97。

商品の事故事例などの情報も入手すると、さまざまな視点で分析できます。

手順３では、例えば「離乳食なのでハチミツは使用不可」「介護食なので嚥下しにくい物性の製品はふさわしくない」など、対象の消費者を明確化することで固有の危害要因も明らかになります。

手順４と手順５では、正確に漏れなくすべての工程を見える化できれば、製造に直接かかわったことのないチームメンバーにも工程を想像しやすくできるため、より適切に危害要因を洗い出せるようになります。

Q.63 危害要因の分類を間違えたら、何か影響がありますか？

A.63 危害要因の分類を間違えても、HACCPの構築・運用に特に影響ありません。危害要因の分類は、あくまで「評価する危害要因に漏れをなくすこと」「危害要因分析の結果をわかりやすくこと」が目的だからです。特に「必要な危害要因を漏れなく抽出すること」は重要なので、分類の正誤に悩んで、分類に漏れが出てしまうほうが問題です(図5.5)。

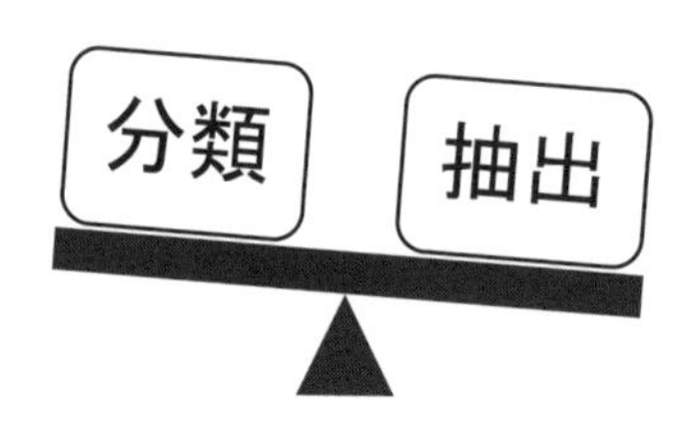

図5.5 危害要因分析では、分類の正誤を恐れてはいけない

Q.64 危害要因の有無は、自分たちで判断すればよいのですか？

A.64 HACCPチームのメンバーが、科学文献や業界提供資料、保健所からの情報、および過去のクレームや経験を総合的に判断して出した結論であれば問題ありません。

コーデックスHACCP[11]は、「HACCPチームは…(中略)…合理的に考えて起こることが予想できるすべての危害要因を列挙すべきである」と、まさに自分たちで判断することを求めています。また、その活動を行うときは以下の事項も含めることが要求されています。

- 危害要因の起こりやすさおよび健康に対する悪影響の厳しさ
- 危害要因の存在の定性的および／または定量的評価
- 問題とされる微生物の生存または増殖
- 食品中での毒物、化学物質または物理的物質の産生または持続性
- 上記のような状況をもたらす条件

以上のように、学術的・論理的な根拠をもって分析すればよいのです。

危害要因分析をする際には、どうしても「これでいいのだろうか？」と不安になって、なかなか結論が出ない場合もあり得ます。しかし、HACCPは定期的に見直さなければならない生きた衛生管理手法なので、現段階で危害要因と見られないものについては、HACCPシステムを運用していくなかで改めて分析すればよいのです。また、アレルゲンのように発症例を踏まえて法律が変わるものもあり、最新の情報を入手しなければ正しく危害要因分析できないものもあるので注意が必要です。

Q.65 食材別の危害要因は、何を調べればわかりますか？

A.65 食材別の危害要因は厚生労働省の情報が容易に入手できます[12)、13)]。また、食中毒菌が発生しやすい食品は公的機関や信頼できる機関のウェブサイトで公開された情報から調べることができます[14)～16)]。

11） 前掲『Codex食品衛生基本テキスト対訳　第４版』、pp.97-99。
12） 厚生労働省：「食品等事業者団体が作成した業種別手引書」「ガイダンス（第３版：平成30年５月25日）」「別紙１　原材料に由来する潜在的な危害要因」（https://www.mhlw.go.jp/stf/seisakunitsuite/bunya/0000179028_00001.html）

このように信頼でき、かつ入手が容易な情報をもとにして、あらかじめ自社で使用する食材の危害要因を入手・蓄積することが望ましいです。

Q.66 生物的危害要因とは何ですか？

A.66 「生物的危害要因」とは「病原微生物(細菌)、ウイルス、腐敗

表5.3 生物的危害要因(例)

大分類	危害要因	
病原微生物	サルモネラ属菌	腸炎ビブリオ
	カンピロバクター・ジェジュニ	カンピロバクター・コリ
	病原性大腸菌	黄色ブドウ球菌
	ウェルシュ菌	セレウス菌
	ボツリヌス菌	エルシニア・エンテロコリチカ
	リステリア・モノサイトゲネス	
腐敗微生物	バチラス属	クリストリジウム
ウイルス	ノロウイルス	
寄生虫	アニサキス	

出典） 食品産業センター：「HACCP関連情報データベース」「生物的危害要因」(https://haccp.shokusan.or.jp/haccp/information/biological-hazard/)にもとづき筆者作成。

13) 厚生労働省：「HACCP導入のための手引書」「大量調理施設編　第3版(平成27年10月)」「付録Ⅰ」「参考資料　食品衛生上の危害の原因となる物質例」(https://www.mhlw.go.jp/stf/seisakunitsuite/bunya/0000098735.html)
14) 農林水産省：「食中毒をおこす細菌・ウイルス・寄生虫図鑑(最終更新日：平成29年6月2日)」(https://www.maff.go.jp/j/syouan/seisaku/foodpoisoning/f_encyclopedia/)
15) 厚生労働省：「食中毒」(https://www.mhlw.go.jp/stf/seisakunitsuite/bunya/kenkou_iryou/shokuhin/syokuchu/index.html)
16) 食品産業センター：「HACCP関連情報データベース」「食品の危害要因」(https://haccp.shokusan.or.jp/haccp/information/)

微生物及び寄生虫といった、食中毒の原因となり、かつ生物に分類されるものの総称」であり、食材によって該当する内容は異なります(表5.3)。

Q.67 一般生菌とは、どのような微生物を指していますか？

A.67 一般生菌とは、「ペプトン(タンパク質を酵素で分解したもの)、酵母エキス、ブドウ糖が入っている培地(標準寒天培地)を用いて、32～35℃で48時間培養した際に生育する微生物の総称」です[21](図5.6)。

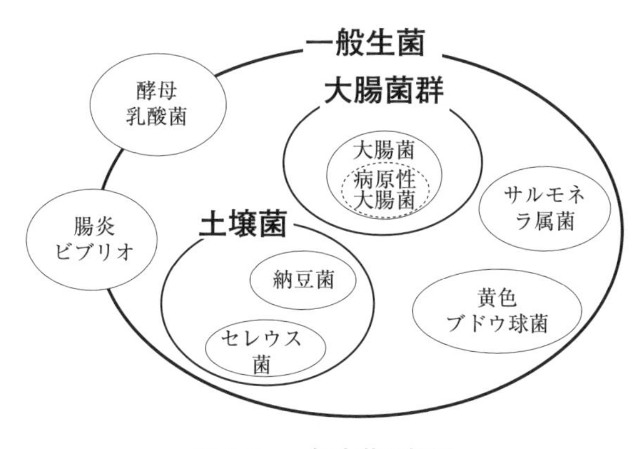

図5.6　一般生菌の概要

一般生菌のなかには納豆菌や酵母など人間に有用な微生物をはじめ、食中毒菌である病原性大腸菌、サルモネラ属菌、黄色ブドウ球菌、セレウス菌、腸炎ビブリオなど、中温域(25～40℃)で酸素が存在する環境下で生育する菌すべてが含まれます[22]。そのため、一般生菌数は、食品の全般的な微生物汚染の程度を示す指標としてよく使われています。食品衛生法や規格基準[23]は、一部食品の一般生菌数を規定しており、例えば加熱をせずに食べる冷凍食品は100,000CFU/g以下[24]です[17]。

一般生菌に含まれないものとして、ボツリヌス菌やウェルシュ菌、カンピロバクターなど、酸素が少ない、もしくは存在しない環境下でなければ生育しないものが挙げられます。取り扱う原料や商品にこれらの菌の汚染を危害要因として挙げるのならば、それぞれ専用の培地で酸素の影響を受けない条件下で検査した結果を採用する必要があります。

Q.68 化学的危害要因とは何ですか？

A.68 化学的危害要因は、「カビ毒、重金属、自然毒、アレルゲンおよび化学薬品などの総称」であり、その内容は表5.4のとおりです。

表5.4　化学的危害要因(例)

大分類	具体例
カビ毒	アフラトキシン・オクラトキシン・パツリンなど
重金属	ヒ素・鉛など
自然毒	フグ毒・キノコ毒など
アレルゲン	特定原材料及び特定原材料に準ずるもの。具体的には卵・乳・小麦・えび・かに・そば・落花生・アワビ・いか・いくら・オレンジ・キウイフルーツ・牛肉・くるみ・さけ・さば・大豆・鶏肉・バナナ・豚肉・まつたけ・もも・やまいも・りんご・ゼラチン・ごま・カシューナッツ・アーモンド
化学薬品	農薬・殺虫剤・洗浄剤・潤滑油など

出典)　食品産業センター：「HACCP関連情報データベース」「化学的・物理的危害要因情報」「化学的危害要因」(https://haccp.shokusan.or.jp/haccp/information/chemical_factor/)より筆者作成。

17)　CFUとは、Colony Forming Unit(集落形成単位)の略称であり、寒天表面上に形成された微生物集落数を指します。

Q.69 物理的危害要因とは何ですか？

A.69 物理的危害要因は、「通常は食品中に存在しない物質のなかで、人の健康被害(口の中を切るや歯を折るなど)を生じさせるもの」であり、一般的に異物といわれ、その具体的な内容は表5.5のとおりです。

表 5.5　物理的危害要因の発生源(例)

発生源	具体的な内容
機械由来	ネジ、破損したもの(金属片・ガラス片・木片・硬質プラスチック・石・クリップ)
製造環境由来	工具、蛍光管、備品
原料由来	骨、散弾
ヒト由来	持ち込み品、眼鏡の部品

出典）食品産業センター：「HACCP関連情報データベース」「化学的・物理的危害要因情報」「物理的危害要因」(https://haccp.shokusan.or.jp/haccp/information/physical_factor/)より筆者作成。

Q.70 魚の骨は危害要因ですか？

A.70 質問の対象商品が「骨抜き済」なら「魚の骨」は危害要因として挙げる必要がありますが、それが管理すべき「重要な危害要因」かどうかは、対象となる骨の形状や質を考慮したうえで判断するべきです。

国内では重要な危害要因となる異物の基準は明確に示されていないため、製造者の責任で判断するしかありません。コーデックスHACCPでは危害要因の定義を「健康への悪影響を引き起こす可能性をもつ、食品の生物学的、化学的または物理的な要因、あるいは状態」としているため、「重要な危害要因」の判断基準は「お客様からクレームが来る可能性」ではなく、「お客様の健康を害する可能性」とするべきです。

「骨抜き済」の商品なら、対象の消費者は小さな子どもや嚥下(えんげ)がうまくいかない方が想定されますが、それが「管理すべき危害要因」であるかどうかは、過去に起きた事故事例や自社クレームの情報を基準に判断するとよいです。例えば、厚生労働省の「食品等事業者団体による衛生管理計画手引書策定のためのガイダンス（第３版）」[18] には、水産加工品の原材料に関して過去の事故事例資料があるのですが、「10.0～19.9mmの骨で事故があったケース」が示されており、参考になります。

Q.71 ハチミツは、対象消費者を「一般消費者」とすればボツリヌス菌を危害要因に挙げなくてよいですか？

A.71 コーデックスHACCPでは、危害要因分析をする際に「合理的に考えて起こることが予想できるすべての危害要因を列挙すべきである」[19] としています。たとえ「一般消費者」向けであっても、ボツリヌス菌を含む原料を使用する場合には危害要因に挙げることは必要なのですが、特にハチミツについては、以下の理由から「合理的に考えて起こること」として取り扱うべきなので、必ず危害要因に挙げてください。

- ボツリヌス菌の芽胞（植物にたとえると種子のような耐久型の菌の状態）に汚染されている可能性がある。
- 一般小売店や通販などで手軽に購入ができる食材である。
- 母子手帳にも１歳未満の乳幼児にハチミツを与えないように注意喚起は示されている[20] ものの、親など食事を与える側がこれを見

18） 厚生労働省医薬・生活衛生局食品監視安全課：「食品等事業者団体による衛生管理計画手引書策定のためのガイダンス（第３版）」「別紙２　食品分類ごと各段階における異物混入事例（健康被害発生事例）」（https://www.mhlw.go.jp/content/11130500/000335874.pdf）

19） 前掲『Codex食品衛生基本テキスト対訳　第４版』、p.97。

落としていたり、認識がなかったりすることも想定される。

Q.72 CCPは必ず設定しないといけませんか？

A.72 CCPは必ず設定しなければならないものではありません。CCPのないHACCPも存在します。例えば、適切に危害要因を抽出し、手順に沿って分析した結果、「CCPとなり得る特別管理すべき工程」がなければ、「CCPがない」という結論になっても問題ありません。

ただし、考え方として「食品安全のために行っている工程ではないものの、結果として食品安全に繋がっているような工程(例えばパンを焼く工程)をCCPにする」というものもあります。しかし、この考え方だと本来の工程の目的からズレる可能性が高くなります。なぜなら、温度や時間が安全のための基準よりも、製品にするための基準のほうが厳しく(温度なら高く、時間なら長く)なるからです。

Q.73 CCPはどのように設定すればよいですか？

A.73 危害要因分析では、工程ごとに危害要因を抽出し、その重篤性と起こりやすさから「食品安全リスクが高い」と判断した危害要因に関して「CCPで管理する必要があるかどうか」を考えます。このとき、決定樹(**図5.7**)を使う場合もあります。決定樹を使えば、質問にYes／

---

20)　1歳未満の乳幼児の摂食への注意喚起がなされている理由は、ハチミツを食べた後、腸内細菌の種類や数が1歳以上のものとは異なることから、腸内で発芽・増殖して毒素を出して乳児ボツリヌス症を発症する可能性があるためです(1歳以上の発症事例はない)。これは厚生労働省のウェブサイト「はちみつ与えるのは1歳を過ぎてから。」(https://www.mhlw.go.jp/stf/seisakunitsuite/bunya/0000161461.html)に掲載されています。

直近では2017年2月に生後5カ月の乳幼児にハチミツを離乳食として与えた結果、亡くなった事故がありました。

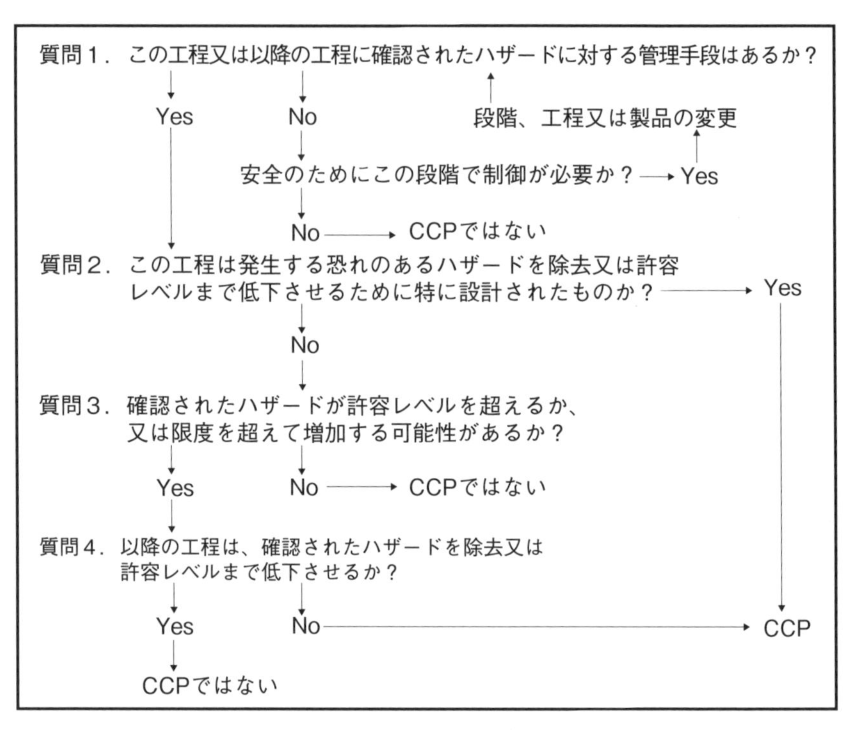

出典）　食品安全マネジメント協会：「公表文書」「旧版文書」「JFS-E-B規格〈製造〉ガイドラインVer. 1(2016年11月10日)、p.24(https://jsfm.or.jp/scheme/documents/)

図 5.7　CCP決定樹(例)

Noで答えていくだけで、最終的にCCPで管理する必要性の有無が決まります。その際、重要な質問として考えられるのは以下の２つです。

①　この工程は、危害要因を予防するために特別に計画されているか？　⇒　YesならばCCPである。NoならばCCPではない。

②　その後の工程で、危害要因を除去または低減することができるか？　⇒　YesならばCCPではない。NoならばCCPである。

CCPは増えると管理が大変です。無理に減らす必要はないですが、決定樹を利用して適切な数の工程がCCPとなるように工夫しましょう。

Q.74 ISO 22000のCCPとOPRPはどう違うのですか？

A.74 OPRP（Operation PreRequisite Program：オペレーション前提条件プログラム）は、ISO 22000：2018[25]の定義で、「重要な食品安全危害要因を予防または許容水準まで低減するために適用された管理手段、又は管理手段の組み合わせであり、処置基準及び測定又は観察がプロセス及び/又は製品の効果的管理を可能にするもの」(3.30)とされています。その一方で、CCPは「重要な食品安全危害要因を予防又は許容水準まで低減するために管理手段が適用され、かつ許容された許容限界及び測定が修正の適用を可能にするプロセスの段階」(3.11)と定義されています。

2018年にISO 22000が改訂されるまで、OPRPは「PRPのなかでも、より高度で重要なPRP」などと考えられました[21)]が、改訂の結果、定義は大きく変わり、よりCCPに近づいた位置づけとなりました。もはやPRPと同様ではなく、準CCPやCo-CCPとさえいえるかもしれません。

つまり、CCPを行うための環境づくりがOPRPであり、この積み重ねがCCPと同等の効力を発揮するというのですが、とても難解になったせいで、国内のHACCP制度化への対応やJFSM規格認証取得の場面でOPRPの要求事項は関係がないため、参考程度でかまいません。

CCPとOPRPの違いは複雑なのですが、ハンバーグの材料であるひき肉を例に違いを見てみると、次のようになります。

- ひき肉中に存在する危害要因である病原性大腸菌などの食中毒菌を、加熱調理工程で確実に殺菌する（CCP）。
- ひき肉中に存在する病原性大腸菌を含む微生物量を、増殖しないように低温管理や仕込み時間を管理して一定量以下にする

21） このときの定義は、「製品や加工環境にて、食品安全上の危害要因が汚染、混入、または増加してしまう恐れを管理するために、一般衛生管理を用いて作業環境を整え、危害要因の汚染、混入、増加がないよう、危害要因分析で明確になった一般衛生管理のポイント」といった内容でした。

(OPRP)。

- ひき肉中にチョッパーやミキサーの刃の破片が残存していないか、金属探知機を使って全数チェックする(CCP)。
- ひき肉中にチョッパーやミキサーの刃の破片が混入していないことを、作業開始前後に機器に欠損のないことをチェックして確認する(OPRP)。
- ハンバーグが安全である「確証」を得る(CCP)。
- ハンバーグが安全である「状況証拠」を得る(OPRP)。

以上から、両者の違いは、次のようにまとめられるでしょう。

- 特定の危害要因を除去、または問題ないレベルまで軽減させるのがCCPである。
- 特定の危害要因を含む危害要因全般を増大させない、追加(付着)させないようにするのがOPRPである。

Q.75 生野菜でも殺菌が必要ですか？

A.75 生野菜でも、「加工度が低い製品(浅漬け等)」「直接食べる製品(サラダ等)」に使う場合、殺菌もしくは同等の効果がある洗浄が必要です。

浅漬けに使用する野菜原材料について、食品衛生法では「次亜塩素酸ナトリウム溶液(100mg/ℓで10分間又は200mg/ℓで５分間)又はこれと同等の効果を有する亜塩素酸水(きのこ類を除く)、次亜塩素酸水並びに食品添加物として使用できる有機酸溶液等で殺菌した後、飲用適の流水で十分すすぎ洗いすること。」と規定しています[22]。

22)　厚生労働省：「漬物の衛生規範(昭和56年９月24日付け環食第214号別紙)(最終改正：平成28年10月６日付け生食発1006第１号)」(https://www.mhlw.go.jp/file/06-Seisakujouhou-11130500-Shokuhinanzenbu/0000139152.pdf)

また、生野菜は以下の理由から、生野菜に付着した土を流水で十分に取り除き、次亜塩素酸ナトリウム等を用いて殺菌することが必要です。

生野菜にはさまざまな病原微生物（例えば、土壌由来のセレウス菌、ウェルシュ菌、ボツリヌス菌など[23]）が付着している可能性があります。これらの菌は土壌や水などの自然環境や農畜水産物などに広く分布しているため、多くの野菜への付着を前提に除去する必要があります。さらに栽培に有機肥料として牛糞を使っている場合、熟成が不十分な可能性があり、糞便由来の腸管出血性大腸菌O-157やサルモネラ属菌などの食中毒菌が生残しているかもしれず、収穫後に付着することもあり得ます。

野菜は仕入れ後、調理までの時間が長いと増殖した菌が芽胞を形成し耐熱性毒素を産生する可能性があります。そのため、例えば「大量調理施設衛生管理マニュアル」[24] にあるように、生野菜を「①流水で３回以上水洗いする」「②中性洗剤で洗う」「③流水で十分にすすぎ洗い」「④必要に応じて、次亜塩素酸ナトリウム等で殺菌した後、流水で十分にすすぎ洗い」して殺菌した後は、できるだけ早く調理してください。

もし殺菌・洗浄作業で減菌した生野菜を保管する場合は、素早く冷蔵庫に入れたうえで、提供するまでの保存期間をできるだけ短くしてください。また、野菜を取り扱う包丁などの調理器具なども清潔に保ち、交差汚染のリスクも考慮して、必要に応じて消毒するなどしましょう。

Q.76 卵焼きで熱の管理は必要ですか？

A.76 卵の殻や卵の中にいる代表的な病原微生物としてはサルモネ

23) 食品産業センター：「HACCP関連情報データベース」「HACCP関連情報検索」「危害要因DB」（https://haccp.shokusan.or.jp/haccp/hazardsdb/）
24) 厚生労働省：「大量調理施設管理マニュアル（平成９年３月24日衛食第85号別添）（最終改正：平成28年10月６日付け生食発1006第１号）」（https://www.mhlw.go.jp/file/06-Seisakujouhou-11130500-Shokuhinanzenbu/0000139151.pdf）

ラ菌が挙げられます。そのため、「鶏の殻付き卵又は未殺菌液卵を使用して食品を製造、加工又は調理する場合は、その工程中において70℃で1分間以上加熱するか、又はこれと同等以上の殺菌効果を有する方法で加熱殺菌しなければならない」とされています[25]。この条件を達成できていることが卵焼きの調理工程では重要になるため、卵焼きでも熱の管理は必要です。

卵焼きは卵焼き器に薄く液卵を広げて巻きながら作っていくため、中

表5.6 安全を確保できる最低中心温度

食品類	中心加熱温度
牛肉、豚肉、羊肉、山羊肉	145F(62.8℃)3分間
挽肉類	160F(71.1℃)
未加熱ハム(生又はスモーク)	145F(62.8℃)3分間
加熱済ハム(再加熱)	140F(60℃)
鶏肉(挽肉、部分肉、詰物)	165F(73.9℃)
鶏卵	卵黄や卵白が硬くなるまで
鶏卵加工品	160F(71.1℃)
鮮魚類(Fin Fish)	145F(62.8℃)又は身が不透明になりフォークで容易に分けられるまで加熱
エビ、ロブスター、カニ類	身が真珠様に不透明になるまで
アサリ、カキ、イガイ	殻が開くまで加熱
ホタテ貝	身が不透明で乳白色になり固くなるまで
食べ残しと鍋料理	165F(73.9℃)

出典) U. S. FOOD & DRUG Administrarion:"SAFE MINIMUM INTERNAL TEMPERATURES"(https://www.fda.gov/media/93628/download)

25) 厚生労働省:「食品衛生法施行規則及び食品、添加物等の規格基準の一部改正について(平成10年11月25日)」(https: //www. mhlw. go. jp/web/t_doc? dataId = 00ta5686&dataType=1&pageNo=1)

心温度の測定は困難です。全体的な加熱の程度を数字で把握するのは困難ですが、その目安は「でき上がり後に黄身と白身が固まっているか、ドロドロの部分があるかどうか」で確認できます[26)]。しっかり包丁で切り分けて断面の白身まで固まっているかを確認するのも重要です。

FDAからいくつかの食品に関して最低中心温度に関する資料が公表されています(**表5.6**)。この資料によれば、サルモネラの増殖に最適な温度帯は35～43℃付近です[27)]。調理前後の熱を管理するポイントは、「卵は冷蔵庫で保管し割卵した後は速やかに調理に移ること」「調理後速やかに提供することで菌が増殖する時間をなるべく短くすること」です。

Q.77 耐熱芽胞菌を発芽後にボイル殺菌するのは有効ですか？

A.77 「耐熱芽胞菌をあえて発芽させてからボイル殺菌すること」は原理的に可能ですが、非常に危険なので止めてください。なぜなら、セレウス菌やウェルシュ菌などの芽胞形成食中毒菌の芽胞は、生育条件が整い発芽すると、栄養細胞が増殖する際に毒素を生産し、発芽と毒素生産を同時進行で進めるため、大変危険だからです。

芽胞形成食中毒菌を管理する手段としては、「①栄養細胞を死滅させる加熱処理後、芽胞が発芽する温度帯以下まで一気に冷却する」「②栄養細胞を死滅させる加熱処理に加え、対象商品の品質規格を発芽しない条件(塩分、pH、静菌剤の添加など)にする」「③芽胞も栄養細胞も死滅する加熱殺菌処理を行う」の3つがあります。このどれを採用するのか

26) 黄身は65℃前後から凝固し始め、75℃以上で完全に凝固します。また、白身は60℃前後から凝固し始め、80℃以上で完全に凝固します。つまり、白身が完全に凝固していれば80℃以上の熱がかかっています。
なお、「80℃ 1秒」の加熱は「70℃ 1分以上」と同程度の殺菌力があります。

27) 食品産業センター：「HACCP関連情報データベース」「HACCP関連情報検索」「危害要因DB」(https://haccp.shokusan.or.jp/haccp/hazardsdb/)

は、製品の味や見栄えを考慮して検討しましょう[28]。

その一方で、ウェルシュ菌やボツリヌス菌が生産する毒素は加熱で不活化（無毒化）される（ウェルシュ菌65℃10分[29]、ボツリヌス菌80℃20分もしくは100℃数分[30]）ため、これらの菌の汚染を管理するのであれば、こういった条件を満たす加熱も有効な管理手段となります。

Q.78 病原微生物の制御が難しい場合、どうすべきですか？

A.78 過去事故を起こした商品や、生産実績がない開発中の商品に制御の難しい病原微生物が確認された場合、商品の規格自体の見直しや工程の改善が必要です。同時に、危害要因分析の見直しも必要です[31]。商品規格の見直し例には「常温販売を冷凍販売にする」「塩分やpHを対象となる病原微生物の至適域から外す」「含気包装であれば袋内酸素濃度を下げる」などがあります。また、工程の見直し例には、「殺菌条件について、対象となる病原微生物を管理できる条件にまで高める」「静菌剤を使用する」などがあります。

このような手段をとっても、病原微生物の制御が難しい場合、消費期

28）具体的には、食品衛生法などの情報をもとにして商品設計や管理を行えばよいでしょう。食品衛生法において①の冷却は「ローストビーフなどの特定加熱食肉製品で、55℃未満→25℃を200分間以内に通過させる」と定められています。さらに、同法では②について「発育pHとしてセレウス菌は４～9.6、ウェルシュ菌は５～9.0、ボツリヌス菌は4.0～9.6」としています。

29）小久保彌太郎 編（2011）：『現場で役立つ食品微生物Q&A 第３版』、pp.61-67、pp.174-175、中央法規。

30）食品安全委員会：「ファクトシート　ウェルシュ菌食中毒《作成日：平成23年11月24日》《最終更新日：平成30年11月13日》」、p.1（https://www.fsc.go.jp/factsheets/index.data/factsheets_clostridiumperfringens.pdf）

31）もし、「大きな食中毒事故を起こしたことがないこと」が危害要因分析の結果だったなら、この分析は不十分だと言わざるを得ません。「事故がなかった」というのは、何らかの要因で管理できていた結果なので、塩分や水分、pHなどの商品規格値、原料の仕様、および製造工程図を改めて確認することで、もう一度、危害要因分析を行うことが必要だからです。

限の設定は有効な手段とはなり得ず、商品の製造・販売自体を諦めるしかありません。なぜなら、消費期限の設定試験はHACCPの12手順を踏むことが前提であり、単なる試験結果だけでは、仮に10回試験を繰り返して問題がなくても、「理論上の安全性を認識しての結果か、闇雲な試験で偶然そうなったか」が区別できないからです。

Q.79 管理基準の調査方法と決定基準はどうすべきですか？

A.79 管理基準とは、「危害要因分析を行った結果、CCPをしっかり管理すると決めた工程や管理方法において、合否を判断するための基準(Critical Limit：CL)のこと」ですが、合否を判断するためには「安全かどうか」が重要なので、科学的な根拠が必要です。管理基準を設定する際、多くの場合、法令で基準が決まっていたり、一般に利用されていたりする数値[32]など、関係する基準があります。そのため、まずは官公庁や関連団体がインターネットや書籍で公開する情報を参照してください[33]。しかし、対象を直接的に測定することが困難な場合[34]には、「実際の工場の設備にある設定値や作業の基準(原料○kgに対して添加物○g等)で管理基準を満たすか」をあらかじめ実験などで確認する必要があります。これをHACCPでは妥当性確認とよんでおり、大切な確認

32) 具体的には、以下のような数値になります。
- 清涼飲料水の加熱条件(pH4.0未満で中心部を65℃10分間又は同等以上など)
  →厚生労働省：「食品別の規格基準について」「D.各条　清涼飲料水」(https://www. mhlw. go. jp/stf/seisakunitsuite/bunya/kenkou_iryou/shokuhin/jigyousya/shokuhin_kikaku/index.html)
- 食肉に発色剤として使用する亜硝酸根の量(食肉製品で1kgにつき0.070g以下など)
  →厚生労働省：「食品別の規格基準について」「D.各条　食肉製品」(https://www. mhlw. go. jp/stf/seisakunitsuite/bunya/kenkou_iryou/sho kuhin/jigyousya/shokuhin_kikaku/index.html)
- 耐熱性菌を考慮しない製品であれば中心温度75℃以上、1分以上

事項です。

Q.80 微生物リスクを軽減する処置の事例はありますか？

A.80「微生物によるリスク」を軽減する方法を考える際、保存食をイメージすると理解しやすいです。日常にある保存食には、梅干しなどの漬物やビスケットなどの焼き菓子、魚やフルーツなどの缶詰があります。これらはいずれも微生物の増殖を制御したり、殺菌したりすることでリスクを低減し、常温でも長期間食べられるように工夫されています。

例えば、漬物なら「塩分やpH」が、焼き菓子なら「水分・水分活性(Aw)」が、缶詰なら「加熱殺菌(レトルト殺菌)」が、微生物の増殖を制御するポイントになっています。「水分・水分活性(Aw)」(Q.53)では、蜂蜜やジャム、乾物などでも管理のポイントです。また「加熱殺菌」(Q.81)では、通常の加熱で殺菌できないセレウス菌やボツリヌス菌などの耐熱性菌でも特殊な条件(120℃で4分)で加熱することで殺菌できる[35]ため、長期保存が可能となるのです。

殺菌のための加工を通じて微生物のリスクは下がりますが、工程や製品特性上の理由から、上記の方法が利用できないこともあります。その場合、消費するまでの期間に冷蔵・冷凍することで微生物の増殖を防止

33) 代表的なものとしては、以下のものがあります。
① 厚生労働省：「食品別の規格基準について」(https://www.mhlw.go.jp/stf/seisakunitsuite/bunya/kenkou_iryou/shokuhin/jigyousya/shokuhin_kikaku/index.html)
② 食品産業センター：食品産業センター：「HACCP関連情報データベース」(https://haccp.shokusan.or.jp/)

34) 加熱工程で製品の加熱殺菌を行う場合の中心温度や加熱時間、添加物の濃度を測定する場合など。

35) 厚生労働省：「食品別の規格基準について」「D.各条 容器包装詰加圧加熱殺菌食品」(https://www.mhlw.go.jp/stf/seisakunitsuite/bunya/kenkou_iryou/shokuhin/jigyousya/shokuhin_kikaku/index.html)

できればリスクを下げられます。例えば、塩分が低い浅漬け、水分の多いケーキ、鮮魚やフルーツは冷蔵すれば微生物のリスクは低減できます。

Q.81 75℃に上げると品質が低下する食品の加熱条件の決め方は？

A.81 加熱工程には、温度と時間を決める数学的な公式があり、また食品殺菌や微生物制御に関する書籍や官公庁が公開する資料などには、その計算結果が記されています。例えば、厚生労働省の資料[36]では、食肉における75℃・1分の殺菌効果と同等の結果をもたらす温度・時間の条件が、「70℃・3分」「69℃・4分」「68℃・5分」「67℃・8分」「66℃・11分」「65℃・15分」というように挙げられています。

例えば、食肉中のサルモネラ属菌の汚染を危害要因に挙げた場合、これを制御する加熱条件の一覧表は**表5.7**のとおりです。

ただし、書籍や官公庁の情報でも、挙げられた条件をそのまま利用してはいけません。必ず対象の商品で確認テストをし、「対象の微生物が

表5.7 牛肉中のサルモネラ属菌を10^7/g減少させるために要する温度と時間

温度(°F(℃))	時間(分)	温度(°F(℃))	時間(分)	温度(°F(℃))	時間(分)
128(53.3)	195	134(56.7)	47	140(60.0)	12
129(53.9)	153	135(57.2)	37	141(60.6)	10
130(54.4)	121	136(57.8)	32	142(61.1)	8
131(55.0)	97	137(58.3)	24	143(61.7)	6
132(55.6)	77	138(58.9)	19	144(62.2)	5
133(56.1)	62	139(59.4)	15		

出典） 山本茂貴 監修、佐藤順、大橋英治、鮫島隆、松岡正明、丸山純一、難波勝 編(2005)：『現場必携・微生物殺菌実用データ集』、サイエンスフォーラム。

36） 厚生労働省：「食品の安全に関するQ&A（2018年10月12日掲載）」(https://www.mhlw.go.jp/content/11130500/000365043.pdf)

確実に制御できている」と検証することが重要です。なぜなら、商品ごとに水分、塩分、糖度などが違えば熱伝導率が異なるため、殺菌しても対象微生物が制御できず、安全でない商品となる可能性があるからです。

Q.82 食品の中心温度測定が難しいとき、加熱殺菌槽の水温で代替できますか？

A.82 加熱殺菌時の中心温度の測定をボイル殺菌時の加熱殺菌槽の水温で代替する考え方に問題はありません。この前提として、科学的根拠となる試験を行い、その結果をいつも確認できるよう保管する必要があります。このとき、試験は必ず実生産を想定したロットで実証してください。実生産よりロットの小さい実験室レベルだと、熱源、熱伝導率、温水の対流速度などが異なるため、その結果を実生産レベルに採用してしまうと危険だからです。

実生産ロット試験では、最も熱を受けにくい位置の製品を基準に(図5.8)、加熱殺菌した商品すべてが安全である条件を決めることも必要です。例えば、熱湯殺菌を行うのに角型水槽を使い、そこへ商品入りの平かごをいくつにも重ねて殺菌する場合、最も熱がかかりにくい場所を予

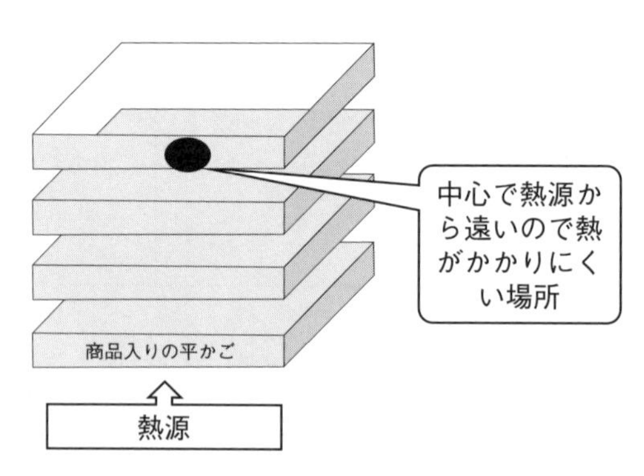

図5.8　実ロット試験時の基準とするポイント(例)

備実験で探します。その結果、例えば「中心のやや上段の製品であることを確認したうえで、この場所でも危害要因を管理できる温度と時間になるよう、殺菌槽内温度と殺菌時間を決めていく」という手順を踏むとよいでしょう。

Q.83 モニタリングの目的と注意点を教えてください

A.83 モニタリングの目的には、以下の2つがあります。

① 「CCPが許容限界内で管理されているかどうか」をタイムリーに測定または観察する。

② 許容限界を逸脱した場合、確実に対象の製品の製造や出荷を止められるようにする。

例えば、加熱工程がCCPで、加熱温度と加熱時間が許容限界に設定されている場合、「加熱温度・加熱時間が基準値から逸脱していないか」測定するのですが、この結果を製品出荷後や消費後に知っても安全な製品は提供できないので、遅くとも出荷前には結果を出すべきです。

理想的なのは連続的なモニタリングができることです。この対象は、温度や時間といった測定できるものだけではなく、目視確認のような観察も含まれます。そのため、金属探知機やX線探知機がない組織でも、目視で金属異物や硬質異物が確認できる製品を製造していれば、それをモニタリングと捉えることができます。

モニタリングの結果は、必ず記録します。万一、製品で事故が起きた場合、モニタリング結果の記録がないと会社に大きな損失(裁判の敗訴、マスコミのバッシングなど)がもたらされるかもしれないからです。また、モニタリングで重要なのは、管理基準を逸脱した製品がある場合、誰もが識別できる状態にあって、責任のある人(製造責任者、HACCPチームリーダー、経営者など)の指示に従って取り扱えることです。

Q.84 ガラス、石などのためにX線探知機での検査が必要ですか？

A.84 自社で過去にガラスや石が混入したクレームが１件でもあればX線探知機の導入を検討するべきですが、そうでなければなくてもよいです。

HACCPは消費者に危害を与えることを防ぐ仕組みなので、金属やガラス、石などの硬質異物の混入を防止することが大切です。金属探知機があれば、金属異物の混入はある程度防げますが、金属以外の硬質異物

表5.8　X線検査機および金属探知機がない場合のHACCP構築(例)

ケース別	具体的な手順
製造工程由来で硬質異物混入の危険がある場合	①　自社の製造工程に混入する可能性のある硬質異物をすべて洗い出し、記録する。 ②　異物になり得るものが本当にその場所や工程に必要か、判定する。必要でなければ排除して、混入の可能性をなくす。または必要でも、材質を変えるなどして危険性を下げる。 ③　材質も変えられないような場合は、作業前、作業中、作業終了時に目視点検を行い、紛失や欠損等の異常がないことを、毎日確認し、記録に残しておく。 ④「目視点検時に備品等の一部分が欠けていた」などの異常が判明し、製品への混入が否定できない場合は、異常がなかった時点に遡り、製品化および出荷を止める。
原料由来で硬質異物混入の危険がある場合	①　原料仕入れ先の異物対応を確認し、不十分な点については改善を要請する(できるだけ現地に赴いて現場を確認する)。 ②　要請に応じない仕入れ先については取引を停止し、仕入れ先の変更を検討する。 ③　原料が入荷した段階で、一定比率の抜き取り検査を行って異物混入状態を把握し、危険度が高い原料は使わない。または自社で選別してから使用する。

には反応しないため、X線による異物検査が有効な手段となり得ます。

しかし、小規模な食品事業者ではX線検査機はもとより金属探知機も導入できていないことが多いのです。そういった事業所はHACCPの構築を諦める(事業の継続を諦める)しかない……ということはありません。

表5.8のように対応を考えてみてください[37)]。このようにさまざまな対応が考えられるものの、いずれにしてもX線検査機がHACCPを構築するのに必須の設備ではないことは間違いありません。

Q.85 金属探知機なしでは金属片混入の制御は難しいですか？

A.85 混入した金属片などの危害要因を除去するとき、金属探知機があれば便利ですが、絶対に必要でもありません(Q.84)。混入した金属片は、消費者が口に入れると「歯が欠ける」「口の中を切る」などの健康被害の原因となる可能性があるため、発生頻度を考慮し管理すべきです。

危害要因分析を行う場合、原材料に含まれる危害要因や製造の各工程における危害要因を考えます。このとき、「金属片はどのように商品へ混入するか」を考える必要があります。例えば、「原材料に含まれて入荷する」「工程上で器具が破損する」「従業員由来などで作業中に混入する」などという可能性が挙げられます。

金属異物の対策では、対処療法に過ぎない「取り除く」だけではなく、根本の原因を突き止めて改善する「予防措置」が大切です。金属片が混入する前提で金属探知機に頼るより、工場内の環境整備や作業方法の変

---

37) 米国の某社を見学したとき、「道路に面している畠の場合、道路から５m以内の収穫物は、納入しない」という契約を行い、その５m分の収穫物については一定の補償を与えて、自社には納入させないようにしていました。道路から５m以上という納入基準は、「道路を走っている自動車内から空き缶や空き瓶を捨てられたとしても、５m以内に収まるから」との判断だと説明を受けました。これも一つの考え方です。

更を通じた「予防措置」をとるほうが、より有効な対策です。そのため、食品衛生7S(Q.11)の推進が効果的です。これにより、「要らない器具や備品を現場から撤去する」「要るものだけを置き、置き場所や数量、置き方を決めて保管する」「使用後は元の場所に戻す」といった基本ルールを決めることができ、維持・継続(躾)ができるようになります。

また、金属片が原材料に含まれていたなら、原材料メーカーに改善を依頼し、改善されない場合には原材料規格(例：金属探知機通過品の購入)や、取引先の選定基準(例：クレームの改善措置が運用されていること)を見直すなど、原材料メーカーから最終消費者に至るフードチェーン全体で、より安全に製造が行える仕組み作りを行うことも大切です。

Q.86 不良品を全廃棄しても手順書は必要ですか？

A.86 自社の不良品の対応として全廃棄をしていても、手順書は必要です。改正食品衛生法におけるHACCP制度化ではコーデックスHACCPが基本です。そこでは管理基準を逸脱した場合、全廃棄などの対応(改善処置)を行うときに「逸脱および製品の処理手順はHACCPの記録保持において文書化されていなければならない」[38]とされ、手順書の作成が要求事項として明確になっています。

実際に全廃棄すべき不良品が現場内で発生した場合でも、別のラインでは良品を継続して製造していたり、良品を一時保管していたりするはずです。そのため、まず不良品は「不良品が入っていることがわかる表示をした専用の容器」に入れ、容易に取り出せない状態に整頓して識別します。誰でも「これは出荷してはいけない商品だ」とわかる状態にした後は、確実に全廃棄できるようにその責任者と権限を明確にするべき

38) 前掲『Codex食品衛生基本テキスト対訳 第4版』、p.103。

です。このとき、誰が責任者でも同じレベルで全廃棄できなければ、安全でない不良品が良品に混ざって出荷されてしまう危険性があります。

そもそも、廃棄は、危害要因分析によるCCPとして「対応を誤ると消費者に健康危害を及ぼすので、対応に間違いがあってはいけない」とHACCPチームが決定した工程です。その点から考えても、廃棄作業では手順書を作成し、確実に対応できるようにしておくべきです。

Q.87 是正措置の意味がいまいちわかりません

A.87 是正措置とは、「CCPにおいて設定した管理基準が達成できなかったときに製造工程内で発生した問題点を修正し、改善すること」を

表5.9　是正措置の具体例

想定されるケース	是正措置の具体例
「加熱殺菌工程」をCCPとした場合、モニタリングにおいて殺菌温度が管理基準に満たなかった事象が発生した際にとるべき行動。	①　殺菌装置を調整し修正する。 ②　修正できない場合、メーカーに連絡のうえ、修正できるまで製造中止にする。 ③　殺菌温度が管理基準に達していなかった製品を識別・隔離し、再殺菌または廃棄する。
「金属探知機工程」をCCPとした場合、モニタリングにおいて、金属探知機が正常作動していなかった事象が発生した際にとるべき行動。	①　金属探知機の工程を止める。 ②　前回のモニタリングで異常がなかったときまで遡り、該当の金属探知機を使用した製品を識別して隔離する。 ③　金属探知機を修正する。 ④　修正できない場合、メーカーに連絡のうえ、修正できるまで使用禁止にする。 ⑤　修正後、正常作動の確認を行った金属探知機に識別隔離しておいた製品を全数通過させ、金属反応のあった製品は内容確認後、廃棄する。

いいます。「HACCPの7原則12手順」のうち、「手順10(原則5) 改善措置」ともいわれる部分に当たり、その具体例は**表5.9**のとおりです。これはあくまでも例ですが、是正措置を誤ると、せっかくモニタリングで発見した(消費者に危害を与える危険がある)異常品が出荷される危険が生じます。

Q.88 HACCPプランの修正はなぜ必要ですか?

A.88 HACCPチームは定期的に、またはその都度HACCPプランを見直し、修正を行うことが必要です。工場の操業には予期せぬ変更や出来事が常に発生しているため、HACCPプランの修正が必要な場合も出てくるからです。例えば、次の場合にHACCPプランの修正が必要です。

① 一部の原材料の内容や仕入れ先が変わった。
② 製品のリニューアルで原材料の配合が少し変わった。
③ 製造機械の更新があった。
④ 同じ製品だが別のラインで製造することになった。
⑤ 検査方法や測定機器が新しいものに変わった。
⑥ 改善活動などで、工程の一部分が変更になった。
⑦ その他、重要な変更があった。

以上は食品製造の現場でよく経験することです。そこで何かが変わる度に危害要因分析を行わなければ重要な管理項目が抜けてしまうかもしれません。また、もし現場で何も変化がなくても、以下のような理由から、外部の変化でHACCPプランの修正が必要になることもあります。

❶ 特定原材料に新たなアレルゲンが追加された。
❷ 添加物の使用基準が変更された。
❸ 飲食物由来の新たな食中毒の症例が報告された。
❹ その他、原材料関連の変化などがあった。

さらに、HACCPの仕組みは一度構築して終わりではありません。「加熱殺菌工程をCCPとし、HACCPプランどおりに管理できていたが、腐敗事故が発生した」「金属探知機の工程をCCPとし、HACCPプランどおりに管理できていたが、金属異物の混入事故が発生した」といったように、運用中に修正が必要な場面に出くわすこともあります。このような場合、HACCPチームは緊急に集まり、現行のHACCPプランを見直すことで、同様の事故が再発しないようにしなければなりません。

Q.89 検証では何をすればよいのですか？

A.89 検証とは、「HACCPはHACCPプランにもとづいて実施されて

表 5.10 「加熱殺菌工程」における「検証」(例)

検証No.	内容	担当者	頻度	該当記録
検証 1	加熱殺菌記録を確認する	A	毎日	加熱殺菌記録
検証 2	自動温度記録計・現場温度計の校正がされているか確認する	B	1回/年	校正記録
検証 3	実施された改善措置が適切で、その後同様の不適合事案が発生していないかを確認する	C	実施の都度速やかに	改善措置記録
検証 4	製品の細菌検査によって確認する	D	1回/年	細菌検査結果
検証 5	HACCPプランの修正が必要かを確認する	HACCPチーム	1回/年	

出典) 厚生労働省：「食品製造におけるHACCP入門のための手引書」「乳・乳製品編 第3版」(https://www.mhlw.go.jp/stf/seisakunitsuite/bunya/0000098735.html)を参考に筆者作成。

いるかどうか、またプランに修正が必要か」を判定するための試験・検査の方法・手続です。HACCPの7原則12手順では原則6・手順11に規定されており、「加熱殺菌工程」を例に挙げると**表5.10**のとおりです。

検証1から検証5の具体的な内容は、以下のとおりです。

- 検証1：検証内容を設定する際、一番重要なのがCCPに設定した工程のモニタリング記録の確認です。製造責任者や品質管理担当者が管理基準の逸脱がないかモニタリング記録を確認します。
- 検証2：CCPの管理基準値を測定する機器は定期的に校正を行う必要があります。校正の方法や校正頻度を定めて実施します。
- 検証3：「管理基準の逸脱があった際の改善措置が適切に実施されていたか」を製造責任者や品質管理担当者が確認します。
- 検証4：HACCPを構築すれば細菌検査に合格する可能性は高いものの、定期的に細菌検査を行い、検証することも必要です。
- 検証5：HACCPチームは定期的にHACCP全体を見直し、必要な箇所を修正します。

Q.90　手順書やマニュアル類は何を作らねばなりませんか？

A.90 必要な文書は「衛生管理計画」である「一般衛生管理」と、「HACCPに沿った衛生管理」の2つですが、下位の文書をいくつか含みます[39]。これらが求められるのは、「食品衛生法等の一部を改正する法律の政省令等に関する資料」[40]に「営業者が実施すること」の規定があるからです。

39）具体的には、製造現場で食品と接触する機材や道具を中心に必要な清掃・洗浄・消毒や食品の取扱い等の具体的なやり方をまとめた「手順書」と、それを実施した「記録」です。

40）厚生労働省：「食品衛生法等の一部を改正する法律の政省令等に関する資料」(https://www.mhlw.go.jp/content/11130500/000595368.pdf)

① 「一般的な衛生管理」および「HACCPに沿った衛生管理」に関する基準にもとづき「衛生管理計画」を作成し、従業員に周知徹底を図る。

② 必要に応じて、清掃･洗浄･消毒や食品の取扱い等について具体的な方法を定めた「手順書」を作成する。

③ 衛生管理の実施状況を記録し、保存する。

④ 衛生管理計画および手順書の効果を定期的に(および工程に変更が生じた際等に)検証し(振り返り)、必要に応じ内容を見直す。

①から、「衛生管理計画」の作成と、「一般衛生管理」[41)]および「HACCPに沿った衛生管理」[42)]の２文書の作成が求められることがわかります。

現に実施している内容を文書化すれば②の「手順書」となり、それにもとづいて日常的な衛生管理を記録し保存すれば③を実行できます。そして、手順書を最低でも一年に一回程度、見直せば④を実行できます。

Q.91 手順書は必要としても、具体的に何が必要ですか？

A.91 一般衛生管理(前提条件プログラム)に関連する「作業者によるばらつきが大きい手順」「一貫した行動が必要な手順」は、それらを文書にする必要があります。また、外部に依頼している事項に関する方法を周知する場合にも「手順書」は必要です。

また、HACCPにおける危害要因分析の方法も「手順書」にする必要

41) 「食品衛生法等の一部を改正する法律の政省令等に関する資料」中には、「一般衛生管理」は「食品等事業者が実施すべき管理運営基準に関する指針(ガイドライン)」の内容を踏襲している、とあります。

42) 「HACCPに沿った衛生管理」の文書というのは、コーデックスのガイドラインに基づくHACCPの７原則による「HACCPに基づく衛生管理」か、コーデックスHACCPの弾力的な運用による「HACCPの考え方を取り入れた衛生管理」のどちらかの文書を指します。

がありますが、きっちりとした手順書でなくてよく、危害要因分析の記録のなかに手順を書いても構いません。ただし、CCPが決まったらCCPの管理方法を書いた手順書を作成する必要はあります。その他にも、文書や記録の管理方法を決めた手順書があると、さらによいです43)。

Q.92 洗浄・殺菌を担当する従業員に個人差があるとき、どのように標準化するのがよいのですか？

A.92 例えば、以下のような製造機械の洗浄・殺菌方法をマニュアル化している食品企業があるとします[26]、[27]。

■製造機械「洗浄・殺菌手順書」

① 機械についている食品残渣を水で洗い流す。
② 中性洗剤をブラシにつけてこすり洗いをする。
③ 残った洗剤が残らないように洗い流し、水切りする。
④ 0.01%の次亜塩素酸ナトリウム溶液をふきんに浸し、まんべんなく拭く。
⑤ 水で次亜塩素酸ナトリウムを洗い流す。
⑥ 乾燥させる。
⑦ 次回製造前にアルコールを噴霧する。

この実例では、製造機械の洗浄・殺菌担当が３人おり、製造終了後、

43) 具体的な手順書の例は、以下のとおりです。
- 清掃・洗浄及び／又は殺菌・消毒の手順
- 製品や環境などの微生物検査の手順(自社で実施する場合)
- 検便や健康診断(日々の自主確認を含む)で異常が認められた場合の手順
- 入室時の衛生手順(手洗い、ローラーがけなど)
- 防虫・防鼠の計画
- 不適合品(原材料、包装資材、製品)の管理手順
- アレルゲン物質の管理手順
- 危害要因分析の方法
- 文書や記録の管理方法
- 回収手順

製造機械の洗浄・殺菌を実施していました。そのやり方は、まず洗浄後・殺菌前にATP検査[44]を行います。洗浄・殺菌マニュアルには「洗浄後の結果が「200RLU」以下にならなければならない」と基準を決めていました。

3人は3台の製造機械の洗浄をマニュアルに沿って行い、洗浄後にATP検査も行ったところ、「778RLU」「1527RLU」「3563RLU」と出てしまい、どれも基準以上でした。そのため、3人とも「教育不足が原因で洗浄・殺菌マニュアルの理解が不十分」あるいは「マニュアルは理解しているが、訓練が不十分でマニュアルどおりにできていない(例：四角いところを丸く洗浄するなど)」と考えられて、洗浄・殺菌マニュアルに従い、一定期間教育と訓練を行いました。その後、3人が洗浄後のATP検査を行った結果、「6RLU」「155RLU」「16RLU」と全員が基準をクリアしました。

洗浄がマニュアルどおりに実施されていれば、汚れはなくなるうえ、殺菌にも効果が出ます。それは殺菌後も同じで、殺菌の一定期間後に行う微生物検査の結果では洗浄と同様に殺菌方法の教育・訓練が必要です。

作成されたマニュアルに従った作業がきちんとできるように、マニュアル作成後、担当者に教育・訓練することが大事です。洗浄・殺菌にかかわらず、マニュアル作成と教育・訓練はひとまとめのものと理解し、そこまでの作業を標準作成プロセスと考えてください。

Q.93 HACCPシステムの記録はどのようにつけるべきですか？

A.93 必要な記録は組織によって異なるものの、一般的に表5.11の

44) ATP(アデノシン三リン酸)は生きているすべての細胞中に含まれている生物のエネルギー物質で、食品残渣にも含まれ、汚れの指標とされています。ATP検査は10秒程度で結果が出るので、洗浄結果の状況がただちにわかります。

表5.11 最低限、必要になる記録一覧

HACCP関連	• HACCPチームのメンバー表 • 危害要因分析の結果 • CCPのモニタリング記録 • CCPで許容限界から逸脱した場合の改善措置の記録 • 検証の記録
一般衛生管理関連	• 製造や洗浄で使用している水の分析結果 • 鼠族・昆虫のモニタリング結果(トラップへの捕獲状況がわかるもの) • 鼠族・昆虫を駆除するために薬剤を使った場合、その記録 • 機械や備品などの洗浄の記録 • 機械を保守した際の記録 • 作業者の衛生に関する記録 • 作業者への教育の記録 • 施設の図面

ような記録を正しくとることは最低限、必要不可欠です。HACCP 12手順のなかで記録をとることが要求されているものと、一般衛生管理(前提条件プログラム)に関連する項目については、安全な食品を作るために正しく作業を行った結果および活動の証拠として必要になるからです。

ただし、記録が多くなりすぎると「製品を作っているのか、記録をとっているのか」がわからなくなる感覚になる場合もあります。最低限必要な記録以外でとる意味を感じない記録は、適宜見直すことが必要です。

Q.94 作業中に記録できない場合は後でつけてもよいですか？

A.94 記録は実施した活動の証拠なので、原則的に活動の結果を確認した時点、あるいは作業が一段落したらすぐに記録をとるべきです。どうしてもそれができない場合、何らかの工夫をするほかありません。

例えば、時間がかからない記録の付け方を考えたり、作業をしている場所と記録をとる場所を近くするなどです。また最近では、電気的な信号で自動的に記録を取得・保存してくれる装置を安価で入手できますが、温度、湿度、圧力、速度などの簡単な測定値の記録は自動化できます。

しかし、このような工夫や自動化によっても、活動後すぐに記録をとれない場合はあるかもしれません。その場合でも、遅くとも対象となる活動の記録はその日のうちに記入するべきです。日を越えるともはや記録ではなく、単なる記憶になってしまうからです。

Q.95 作業従事者による記録が困難ならどうすべきですか？

A.95 記録は「作業手順を正確に実施した証拠」「食品の安全を確立している証拠」なので、面倒でも担当者の責任でとるべきです(Q.93、Q.94)。作業従事者が記録に責任をもつためには、衛生管理に対する意識を高くもち、記録の目的とその重要性を理解することが重要です。その動機づけに食品衛生7S(Q.11)は有効です。なぜなら、わかりやすい言葉で作業従事者に、製造現場で守らなければならないことを伝えられるからです。

食品衛生7Sの各要素にある「定義」(Q.11)[26]をすべての作業従事者に共有することで、目的のある行動ができるようになります。食品衛生7Sを構築し、維持・発展できるようになると、食品衛生7Sの実践を通じて作業従事者は成長し、自信をもつようになり、自然と「ルールで決めたことを守れる。当たり前のことを守れる意識」がつくれるようになります。食品衛生7Sを組織や個人の内部に浸透させること自体が、さまざまな記録の確実かつ正確な記入を達成する改善活動になるのです。

Q.96　記録や文書の保存期間はどの程度を設定すればよいのですか？

A.96 記録や文書（手順書など）にはさまざまな種類があり、その内容に応じて保管期間が法令などで定められています。定款のように永久保存するもの、会社法で10年（あるいは７年・５年）とされているものがあります。食品安全に関連する記録や文書（記録と文書の違いは、Q.8）の保管期間は法令などで定められていません。

しかし、文書は常に最新版を利用可能にする必要があります。内容が古い旧版はすぐに廃棄してもよさそうですが、新版への変更箇所を確認する必要性があるかもしれないため、旧版も１年程度は残すべきです。

また、記録（特に製造記録やHACCPに関連する記録）は、一般的に消費期限や賞味期限の1.5倍から２倍以上を保管期間としたほうがよいです（常識的に、消費期限または賞味期限の２倍を過ぎた食品を食べる消費者はいないため）。これは、食中毒などの食品安全事故が起きたとき、その日の製造状況を確認できるようにしておくためです。

コラムD　日本におけるHACCPの歴史

（１）　HACCPの初紹介

1971年の米国における食品防護会議で発表されたHACCPを、いち早く日本に紹介したのは、国立予防衛生研究所食品衛生部に所属していた河端俊治先生です。1975年、日本に初めてHACCPを紹介され[45]、さらに翌年、『食品衛生研究』誌に同様の紹介をされています[46]。そのときのHACCPの

45）　河端俊治（1975）：「食品工場における新しい微生物管理、危害分析・重要管理点方式について」、『モダンメディア』、Vol.21、No.19、p.519-526。

46）　河端俊治（1976）：「食品工場における新しい微生物管理・危害分析・重要管理点方式ならびに加工食品の適正製造基準について」、『食品衛生研究』、Vol.26、No.6、pp.515-525。

日本語訳が「危害分析・重要管理点方式」であったため、その後長くこの訳語が定着しました。

河端先生は積極的にこの仕組みについて紹介されるとともに、HACCPの現場を見るために自ら団長として、1977年8月25日〜9月8日まで、米国NCA(缶詰協会)やFDA、さらに缶詰工場の現場などを見学視察されておられます。HACCPを書籍として出版したのも河端先生が初めてです。1992年には『HACCP　これからの食品工場の自主衛生管理』[47]を出版されました。本書は今読み直しても役に立つ内容が多く、資料にHACCPの歴史に関係する重要資料が多く載せられています。詳しくHACCPを知りたい方は、日頃から手元にもつべき一冊として推奨できる書籍の一つです。

(2)　総合衛生管理製造過程

厚生省(現 厚生労働省)は、1995年5月に食品衛生法を改正し、第7条3に「総合衛生管理製造過程」を規定しました。いわゆる「日本版HACCP」です。この制度を広報するため、厚生省からは『HACCP：衛生管理計画の作成と実践、総論編』が出版され、本書は日本におけるHACCPの教科書となりました[48]。

食品衛生法が1995年に改正された翌1996年6月に岡山県邑久町(おくちょう)で、同年7月に大阪府堺市で、大規模な腸管出血性大腸菌O157による食中毒事件が発生しました。このとき、O157への対策としてHACCP手法が新聞・雑誌・TVなどで紹介されたことで、ついにHACCPは大勢の日本人が知ると

47)　河端俊治・春田三佐夫 編(1992)：『HACCP—これからの食品工場の自主衛生管理』、「まえがき」、p.15、p.21、中央法規出版。
本書の目次は、以下のとおりです。
1．食品工場の自主衛生管理／2．食品工場の施設・設備と衛生対策／3．微生物制御の基礎／4．微生物制御技術／5．製品の適正保存条件／6．微生物検査／7．従業員の衛生対策／8．製造工程における微生物制御とHACCP／資料

48)　厚生省生活衛生局乳肉衛生課 監修、動物性食品のHACCP研究班 編集、熊谷進、小沼博隆、小久保彌太郎、藤原真一郎、竹澤孝夫 著(1997)：『HACCP—衛生管理計画の作成と実践、総論編』、中央法規出版。
本書の目次は、次のとおりです。7原則12手順に沿った解説がなされています。
1．HACCPシステムとは／2．危害とは／3．一般的衛生管理プログラム／4．HACCPプラン作成のための最初のステップ／5．危害分析／6．CCPの設定／7．CLの設定／8．モニタリング方法の設定／9．改善措置の設定／10．検証方法の設定／11．HACCPプランの実施記録および各種文書の保管／12．HACCPプランの実施／巻末資料

ころとなりました。この後、総合衛生管理製造過程に関する政令、省令、通達などが順次出され、日本でもHACCPが定着するかに見えました。

しかし、2000年6月、日本で最初に総合衛生管理製造過程の認証を取得した大手乳業メーカーA社で大規模な食中毒事件が起こりました。その原因は、A社に原材料を納めた兄弟企業が総合衛生管理製造過程を誤って運用していたことにあります。いずれにせよ、この事件を契機に、総合衛生管理製造過程の制度的な不備が次々に表面化していきました。その結果、総合衛生管理製造過程の権威はみるみる低落してしまい、ついに2018年の食品衛生法の改正により廃止されたのです。

教育・組織

Q.97 品質管理部のような部署がないとHACCPはできませんか？

A.97 品質管理部のような部署がなくともHACCPは導入できます。中小の食品等事業者や品質管理部のような専門の部署のない会社にとって、HACCP導入に関する人員と時間の確保は大きな負担かもしれません。しかし、そのような組織であっても、衛生管理は実施しているはずなので、その関係者などを中心にHACCPの導入を進めればよいのです。

HACCPの導入・継続には地道な努力の積み重ねが必要となります。人数が少なければなおのこと、実務に精通したメンバーでHACCPチームを編成する必要があります。また、HACCPチームを中心にHACCPの導入・継続を推進するには、さまざまな書類を作成したり、HACCPの考え方を組織に共有させるなど、それなりの労力もかかります。

以上のことから、HACCPを導入するうえで最も重要なことは、部署の有無などではなく、以下の3条件に集約されます[28]。

① 経営者に安全を強く求める想いがある。

② HACCPチームが定期的(例：1回／月)な勉強会を開催したうえで、手順書やマニュアルを作成している。

③ 製造現場の作業者全員に対して、安全に対する意識とやる気をもたせ続けている(最も重要なポイント)。

Q.98 忙しくてHACCPができません。どうすればよいですか？

A.98 HACCP以外の業務が多忙だからと、HACCPの実施を諦めることは食品企業の責務として許されません[49)]。HACCPを実施しなければ食の安全を証明する証拠がなく、消費者を安心させることができないからです。経営者は、自身も現場作業者も多忙を理由にHACCPの実施を諦めないよう、経営資源(ヒト・モノ・カネ)を上手に調整して、HACCPの実施にかかる経営資源を確保する必要があります。それには、今から日頃行っている衛生管理の仕組みを文書化したり、加熱や冷却といった工程をチェックシート化したり、少しずつ進めるしかありません。

公開されている手引書の雛型[50)]を活用しながら、保健所などのアドバイスを受ければ、添付されているチェックシートなどを、自社に合うように変更・使用できるため、時間も短縮することができます。

---

49) 厚生労働省の「食品衛生法の改正について」「食品衛生法等の一部を改正する法律(平成30年6月13日公布)の概要」(https://www.mhlw.go.jp/stf/seisakunitsuite/bunya/0000197196.html)の資料中にある以下の記述のとおり、すべての食品事業者は例外なく「HACCPに沿った衛生管理」を行う必要があります。
「原則として、すべての食品事業者に、一般衛生管理に加え、HACCPに沿った衛生管理の実施を求める。ただし、規模や業種等を考慮した一定の営業者については、取り扱う食品の特性等に応じた衛生管理とする。」

50) 厚生労働省は、小規模な食品事業者がHACCPによる衛生管理を実践できるよう、食品事業者団体が作成した「HACCPの考え方を取り入れた衛生管理のための手引書」(https://www.mhlw.go.jp/stf/seisakunitsuite/bunya/0000179028_00003.html)を公開しています。例えば「小規模な一般飲食店」「豆腐類製造事業者」「旅館・ホテルにおけるHACCPの考え方を取り入れた衛生管理手引書」などあり、同じ業界団体もしくは近い業界団体が作成した手引書をダウンロードできます。

Q.99 社歴の異なる従業員全員への衛生管理教育の注意点とは？

A.99 社歴の浅い人からベテランまでの全員に衛生管理を教育するための注意点はありますが、即効薬はありません。

一般衛生管理に加えて、新たにHACCP手法を導入すると、衛生管理のやり方は変わります。古い仕事のやり方を変えるため、社歴の浅い人にもベテランにも、新しいルールを浸透させる必要があります。

HACCPチームのメンバーは「新しいルールは現場で実施できる内容かどうか」を確認して、その浸透に必要な教育方法を各部署に教えます。この際、「ルールを遵守しないといけない理由」「ルールに従わなければ生じる不都合」をしっかりと説明できるようになることが重要です[51)]。

できたルールは必ず守ってもらう必要があります。そのためには各部署のリーダーに「やって見せて、説明し、やらせてみて、褒めてやる」[52)]といった姿勢をとってもらうことが重要です。ルールを守っていない従業員を見つけたら、きちんと叱って納得してもらうまでルールを守る必要性を説明し、確実にやらせてください。妥協は禁物です。

---

51) これら一連の流れでは、HACCPチームのメンバーは、現場のことを一番よく知っている従業員(長年勤務している高齢者やパートさんなど)に目的を周知徹底し、一緒にルールを作り上げることが望ましいです。大切なのは、「新しいルールは容易に実施できるものであること」、また、「あらかじめ現場の従業員に納得してもらえていること」です。

52) 太平洋戦争時、海軍の連合艦隊長官だった山本五十六(いそろく)の名言にもとづいています。彼は真珠湾攻撃以降の対米戦の指揮をとりましたが、前線航空基地の将兵をねぎらう途上の乗機が米軍機に撃墜され、1943年に戦死しました。新潟県長岡市に記念館があります(http://yamamoto-isoroku.com/?page_id=40)。

Q.100 職人肌の方からの協力がない場合の進め方はありますか？

A.100 古い歴史をもつ企業の多くは、職人肌のベテランの対応に苦労していますが、彼らの協力なしにHACCPの構築はなしえません。

社歴の長い先輩や特殊な技能をもつ職人は、自分の仕事に自信があるため、「今まで何もなかったから安全だ」「なぜ今さらやる必要があるのか？」などと思っています。その結果、「HACCPの構築がもつ意味を理解してもらえず、協力してもらえない」という事態はよく起こります。

この際、必要なのは、「①時代が大きく変化し、食の安全や安心に対する消費者の意識も昔とは違う」「②食品衛生法が改正され、すべての食品事業者がHACCP制度化に取り組む必要がある」という２点からHACCPの構築・実践は避けて通れない、と理解してもらうことです。そのためには、トップマネジメント(社長・最高責任者)が常にやる気を見せ、それを実践していくことが欠かせません。

HACCP構築におけるトップマネジメントの役割は、まずHACCPチームを選任することから始まります。その後、全社員の前で確固たる意欲や姿勢を見せながら、HACCP構築に取り組む意義や目的を宣言することが重要です。この際、HACCP構築に抵抗する人たちも協力できるように、会社の未来を語りながら、古いやり方や伝統をなくさずに、今後の成長のために新しくスタートすることを伝えることが重要です。

「社長が言うのなら、一緒に頑張ろう」とHACCP構築の協力者が職場内に増えていければ、頑固なベテランであっても周囲から影響を受けるので変化してくれます。このように協力してくれない人を変えられるのはトップマネジメントをはじめとする他の従業員の方々なのです。

Q.101 HACCPは誰が、どこまで知っていればよいのですか？

A.101 多くの従業員がある程度の知識をもっているなら、それに越したことはありません。しかし、小規模な食品事業者であれば、トップマネジメントもしくはHACCPリーダーとなる一人にある程度の知識があれば会社全体としてHACCPに関連する情報を活用できます。

HACCPを構築・運用するだけなら、厚生労働省が公開している各業界団体作成の手引書を活用すればできますが、それには一般衛生管理の構築や手順書や記録の作成も並行して進めなければなりません。そのため、HACCPの初心者には、関連する講習会[53]への参加を薦めますが、いざHACCPを構築しようとしても「一人だけ」「講習会の知識を得るだけ」では限界があります。トップマネジメントだけでなく、HACCPチームのリーダーを中心としたHACCPチーム全員の協力が必要です。実践的なノウハウの必要性を感じたら、トップマネジメントの判断で、自社に合うコンサルタントにサポートを依頼することも手段の一つです。

Q.102 部門長が仕事を抱え込み、HACCPが進まない場合、どうすればよいですか？

A.102 HACCPの推進は部門長が一人で行うものでも行えるものでもありません。HACCPの推進を目的として編成されたHACCPチームが中心になって行う必要があります。

HACCPチームには、原材料や製造方法、施設・設備の取扱いと保

---

53)　行政や各種団体・企業が主催するHACCP講習会は、全１日～３日間程度のスケジュールがあるので、講習内容を調べ、自社のレベルと講習会に参加するメンバーのレベルに合う講習会に参加し、HACCPの知識を学びましょう。HACCPのいろはから勉強したい方は、１日で終わる「HACCP入門」の説明会への参加を特に推奨します。HACCPチームのメンバーなら全員、１日程度の講習会は受けておくべきです。

守・保全、原材料から製品・工程・消費に至るまでの品質管理・品質保証など、すべての業務が把握できるよう、それぞれの実務に精通した人が選出されなければなりません[28]。「HACCPの推進」のように全社的に進める業務では部門間のコミュニケーションが欠かせないからです。また、チームリーダーには、コミュニケーション能力が高く、社内の意見をまとめられる人が適任です。当然、部門長はその中心メンバーとして参加することになりますし、チームリーダーになることもあり得ます。

一般的にはHACCPチームは定期的に会議を行い、チームメンバー全員で計画の策定、進捗状況の確認、問題点の整理、改善の実施を行うなど、いわゆるPDCAサイクルを回しますが、あわせて経営者への報告も重要な役割です。このように、HACCPの推進は関係者全員が協力し合って進めるもので、部門長一人が抱え込むものではありません。

HACCPの推進は法律で要求されている必須事項なので、「忙しいからやらない」という選択肢はありません(Q.98)。他の業務と兼ね合いを図りつつHACCPチームメンバーが一丸となり、協力し合って推進してください。なお、HACCPに関する専門的な知識をもった人がいない場合は、外部の専門家に相談するのがよいでしょう。

Q.103 HACCPチームのリーダーが完璧を求め過ぎてHACCPが進まない場合の対処法はありますか？

A.103 「やるからには完璧を求めたい」という姿勢は実に素晴らしいのですが、完璧を求め過ぎて、停滞したり、頓挫する人は多いです。

「完璧を求め過ぎる」というのは非常に危険です。HACCPの推進でも、最初から「完成」や「完璧」を求めるとうまくいきません。「少々ポンコツな出来でもOKでしょう」と肩の力を抜くくらいがちょうどよいのです。まずは60点を目指して、「ともかくやってみて、まずは全体を形にしてみる」姿勢が重要です。いずれ100点を目指したいのなら、60点の段階からPDCAサイクルを繰り返し回すことで、より効果的なHACCP プランに変えていけばよいのです。60点からコツコツと改善していく覚悟があれば、より生き生きとしたHACCPが構築できるため、新たな危害要因が検出された場合にも迅速かつ容易に再構築できます[54)]。

最悪なのは、HACCPプランの策定だけ尽力することです。たとえ完璧なHACCPプランが完成しても活用しなければ意味がありません。活用するなかで改訂を重ね、より良いHACCPプランを作り続ければ、より一層完成度の高い食品安全活動が実践できるのです。

また、HACCPの推進はHACCPチームのリーダーが突出するのではなく、メンバー全員と協議して行います。「リーダーを中心にしてチームのメンバーをまとめ上げて推進するやり方」自体もメンバー全員で話し合ったうえで、HACCP構築の計画を策定・実行することが重要です。

Q.104 外国人従業員へのルールの伝達に良い方法はありますか？

A.104 外国人従業員（特に技能実習生）がいなければ、今の食品製造企業は人手不足で製品を製造できなくなります。同様に、HACCP制度化への対応も食品製造企業には必要なので、日本語が不自由な外国人従業員にHACCPの構築・実践を浸透させることが大きな問題となります。

このとき、最も重要なのは「経営者が技能実習生を企業のなかでどう位置づけているか」であり、「経営者が働いている人たちを大切にする経営をしているかどうか」が問われます。

例えば、従業員を単なる労働力としか見ていない企業では、離職者が

54） こういった心構えは非常に重要なので、実際のセミナーでも強調されます。例えば、近畿HACCP実践研究会（https://www.workshop-haccp.org/）で行われた「HACCP実務者養成講座」（2020年２月６日、７日）のテキストでも強調されていたことです。

多いため、安全な食品を製造できる状況になく、異物混入等の消費者からのクレームが増え、企業の存続が危ぶまれる……といった負のスパイラルに陥りやすいです。逆に、経営者が従業員を大切する企業ならば、安全でおいしい食品を製造できるため、企業の利益が増えて、企業が持続する経営ができ、それが従業員の幸せを守ることにつながります。

外国人従業員も、従業員を大切にする企業で働くことができたなら、働きやすさを感じて、一生懸命頑張るため、任された仕事のやり方を学ぼうという姿勢も出てきます。

しかし、ここで日本語がわからないことがネックとなります。一般的には、技能実習生に伝えたいことを翻訳した掲示物を掲示して啓発することが多いのですが、それだけだと技能実習生から十分な理解を得られないかもしれません。

この対処法は、外国人従業員を可能な限り、同じ国から採用することです。例えば、ベトナム人を採用したなら、ベトナム語を通訳できる人も採用します。すると、その社員を通じて作業に必要な知識や技術を技能実習生に伝えることができます。実際、実習期間が一定期間経つと日本語も「カタコト」で話せるようになるため、日本人とコミュニケーションがとれるようになり、さらに製造技能も向上します。

最近は簡単なハンディタイプの多言語翻訳機が安価で提供されるようになってきたので、それらを現場で使えばかなり技術的な内容までも意思疎通できるようになります。

Q.105 HACCPチームの力量や知識の向上のために必要な研修とは？

A.105 HACCP研修は多くの団体がさまざまな形式で開催しており、インターネットで容易に検索できます。半日～１日程度の基礎的なコースから、3日程度の実務者向けのコースなど、形式やコンテンツはさまざまで、それぞれに特色があり、大きく分類すると次のようになります。

① 「HACCPの考え方を取り入れた衛生管理」を中心とした研修

食品等事業者団体が作成した業種別手引書にもとづいて研修を行い、衛生管理計画を作成し、実践できる能力を身につける。

② 「HACCPに基づく衛生管理」を中心とした研修

コーデックスHACCPの7原則12手順に従い、危害要因分析を行い、CCPを設定し、管理するシステムを構築できる能力を身につける。

③ HACCP指導者養成のための研修

①、②の両方に精通し、指導ができる能力を身につける。

上記のなかから自社の企業規模や目的に応じて選択するとよいです。こうして講演会で全体像を見渡す視点を得られたら、補助的な資料としてインターネット[55)]も活用するとよいでしょう。

Q.106 改善活動の実践は、従業員への教育に効果があるものですか？

A.106 企業での「教育」は、「従業員が企業の維持・発展に貢献できるように、知識と技能を習得させる活動」だといえますが、食品製造企業での改善活動(例えば、食品衛生7S)の実践で教育に大きな効果が

55) (一財)食品産業センターでは、HACCPに関する用語や制度に関する情報、食品の危害制御に関する技術的な情報、HACCP手法導入に関する情報や教育動画を、「HACCP関連情報データベース」(https://haccp.shokusan.or.jp/)にて無償で紹介しています。
また、厚生労働省ではHACCP導入のための参考情報として、無料のリーフレット、手引書、動画等を「HACCP導入のための参考情報(リーフレット、手引書、動画等)」(https://www.mhlw.go.jp/stf/seisakunitsuite/bunya/0000161539.html)で公開しています。

見込めます。

食品企業が維持・発展するための重要な要素の一つが工場の「清潔さ」です。Q.11などで述べたとおり、食品衛生7S活動では、食品の製造環境にとって重要な「清潔さ」を追求するため(目的)に「整理・整頓・清掃・洗浄・殺菌」を実施します。そして、これらを「躾」によってルール(マニュアル、手順書、約束事など)どおりに実施できるように習慣づけるのです。このため、食品衛生7Sの実践は、企業の維持・発展に結びつく活動であり、教育の目的を達成することに繋がるといえるのです。

ここで、重要になるのがルールを定着させる「躾」の活動です。躾には以下の「躾の三原則」があります。

① 知っていてルールを守らない:「厳しくしかる」

「遵守しないといけない理由」「ルールの重要性」を納得するまで教えます。

② ルールを知っているが守れない、または守りにくい:「ルールを見直し、改正する」

守りにくいルールであっても安全面や品質面で必須であり、改正(譲歩)できない場合もあります。そのときは一定の訓練を施して技能を身に着けさせるといった対処が必要です。

③ ルールを知らなかった:「納得するまで教える」

「ルールを知らなかった理由」を確認することも必要です。ルールを確実に教えなかったかもしれません。その場合はきちんと教えることができるよう、教え方のルールを見直すことも必要です。

Q.107 衛生管理のルールの徹底をどう図ればよいのですか?

A.107 現場にいる全員に衛生管理のルールをよく理解してもらい、

正しく実践することを徹底する。それだけです。ここでもし、「それができていないから困っているんだけど……」と考えている方がいるなら、本当に「やれることをやったのですか？」と問いたいところです。この問題に簡単にすぐ効くという特効薬はありません。ルールを徹底する立場なら一定の忍耐力が問われますし、相当の努力も求められます。そして何より時間がかかります。

この問題への取組みは長期戦となりますが、その基本は「ルールを守ってもらえない理由は何なのか？」と個人個人が、日頃から問いかけることです。他人にルールを守ってもらうためには、「理由」を理解し、納得してもらう必要があるからです。また、人は忘却する動物なので、時間の経過とともに意識が薄れないように繰り返し教育する必要があります。その際には、教育時の印象が残るよう、写真を使って説明したり、現場に行って皆で実践したりするなどの工夫が必要です[29]。

現場の全員がルールを理解し納得できたら、次に問うべきは「ルールを守りやすい環境が整っているか」です[56)]。ルール自体が守りにくい場合は、許容できる範囲でルールの見直しを検討します。「衛生管理のルールを守らせるために、何をすべきか」をHACCPチームで検討するのも解決策に接近する早道かもしれません。

従業員にルール遵守の徹底を浸透させるため、職場のリーダーは自分自身で約束事やルールの遵守を徹底する必要があります。リーダー自身がルール遵守を率先垂範しながら、従業員の様子を観察し、同様に遵守している従業員は褒めますが、もし遵守していなかったら理由を確認して「厳しく叱る[57)]」「守れない理由を排除する」と必ず対策をとります。

このようにルールを守る習慣づけ（食品衛生7Sの「躾」）は上からの一

56）　例えば、「冬場の手洗いシンクに冷たい水しか出ない」「石けん液がなくなったままになっている」「シンク内に不要物が置いてある」状況で正しい手洗い習慣は身につきません。

方的な押し付けで徹底できるものではなく、会社全体における日頃のコミュニケーションが必要になることはいうまでもありません。

備品・設備

Q.108 建物が古くてもHACCPはできますか？

A.108 食品の衛生管理を行うには最低限必要な施設設備基準があり、少なくとも営業許可を取得するうえで必要なもの(例えば、手洗いシンクや冷蔵庫など)は揃える必要があります。しかし、経営資源は限られています。「古い建物だから無理」と決めつける前に、「古さによってどのような問題が発生するのか」を考えたうえで、まずは「運用でカバーする方法がないのか」を検討し、修繕や補修が必要だと考えられる場合に優先順位をつけて対応するとよいでしょう。

実際に、HACCPを構築・運用するのに、建物の新旧は関係ありません。築百年以上の古い建物でHACCPをしている工場もあります。また、建物や設備が最新であっても、その場所で働き、それを取扱う人が、適切に使用・維持・管理しなければ、食品衛生上の危害要因が発生します。

老朽化している建物に危害要因分析を行う場合、老朽化が原因で発生する危害要因(例えば、天井の塗装の剥離による異物混入)などを検討したうえで、実際に考えられる危害要因の管理方法を検討するものの、「実際にどのように管理するのか」は事業者の判断に委ねられます。そのため、「塗装が剥がれそうなところはあらかじめ擦って取り除く」「落下する場所を作業者や食品の動線にしない」など、運用面でカバーでき

---

57) 「叱る」と「怒る」とでは大きく違います。「叱る」では、「ルールを守る理由」「守らない場合に想定される悪い結果」について、相手が納得するまで粘り強く教育していきます。

ることを全員で徹底することで危害要因を管理することができます。

Q.109 古い木造の工場でもHACCPができますか？

A.109 古い建物でもHACCPはできます(Q.108)。しかし、木造の建物の場合には、HACCPの運用で特有の苦労があるかもしれません。

例えば、木造の建物でも「営業許可を取得・維持するために必要な状態になっているか」は、「衛生規範の条件」[58] を最初に確認しておくべきです。木造だと「衛生規範の条件」に合格しない場合があるからです。

ただし、最近では多くの特性をもつ塗料や材料が開発されており、それらを適切に用いると、木造でも十分に「衛生規範の条件」に合格することができるようになります。そうなれば、HACCPを実践する最低限の条件を満たした施設だと考えられます。本当に必要なのはここからです。つまり、施設・設備や作業環境をよく観察したうえで「環境由来の危害要因があるかどうか」「ある場合にはどのように防げばよいのか」を検討することが必要になるのです。

木造かどうかにかかわらず、老朽化すれば定期的なメンテナンスや補修が必要になります。そのなかで想定される危害要因の可能性や、それが発生した場合の健康被害の重篤性を考慮したうえで、まずは「費用をかけずにできる対策は何か」「運用でカバーできる方法がないか」を十分に検討したうえで必要な費用をかけるとよいでしょう。もし中長期でしか対応ができない場合でも、作業者と情報を共有しつつ、改善を目指

---

58) 例えば、厚生労働省:「弁当及びそうざいの衛生規範について(昭和54年6月29日)(環食第161号)」(https://www.mhlw.go.jp/web/t_doc?dataId=00ta5751&dataType=1&pageNo=1)には、以下の記述があります。
「内壁は、その表面が平滑であり、かつ、少なくとも床面から1m以上が不浸透性、耐酸性及び耐熱性の材料を用いて築造されていること。但し、それができない場合は、必ず床面から1m以上が不浸透性、耐酸性及び耐熱性の材料を用いて腰張りされていること。」

すことで、「(古い施設だから)不備があっても仕方がない、何もしなくてよい」といった諦めを意識させずに済みます。

Q.110 ドアの中がすぐに製造場所でもHACCPはできますか？

A.110「ドアを開ければすぐに製造場所」というのは望ましい状態ではありませんが、危害要因を的確に維持・管理できていればHACCPは構築できます。例えば、「考えられるリスクに対してどのような対策を行っているのか」「その対策は適切に維持・管理できているか」を確認し、ハードおよびソフト両面から考えて、実際の対策には実施可能かつ効果のある方法を選択してください。

例えば、「ドアを開ければすぐに製造場所」が現場となる場合、人や物が外から直接製造場所に入るため、靴底や台車、パレットの底に付着している土や汚れが持ち込まれる可能性が高いです。衣服の表面や物の表面には毛髪やホコリが付着しているかもしれません。また、頻繁にドアを使用する場合には空気の流れによって空気中のホコリや虫などが製造場所に入り込んでくる可能性もあります。これらの危害要因が管理されている状態が維持されていればHACCPは構築できます。

また、上記の危害要因を管理するための手段としてはソフトおよびハード両面の対策が考えられます。ハード面では屋内の陽圧化や高速シャッターの設置、粘着マットの設置、捕虫器の取り付けや入荷口へのエアブローの設置などが挙げられます。ソフト面では専用着への着替えや靴の履き替え、ローラー掛けや手洗いの実施、室内用のパレットへの荷物の載せ替えなどが挙げられます。

Q.111 HACCP導入にはクリーンルームのような場所が必要ですか？

A.111 クリーンルーム[59]の必要性は取り扱う商品によるものの、「HACCPを行うために必ずクリーンルームが必要」というわけでもありません。

HACCPを行う際には、「汚染区域」「準衛生区域」「衛生区域」と区域分けします。「衛生区域」は製品説明書に書かれている基準さえクリアできれば、床へのライン引きや簡易な間仕切りなどで区切るだけで区域分けできるため、クリーンルームのような大がかりな設備は不要です。しかし、天井から埃が落ちてきたり、他の製造区域から水がはねたりす

写真5.1 クリーンブース

59) クリーンルームとは「室内の空気を特殊な機械によって微粒子レベルで清浄度をコントロールし、清浄で綺麗な状態を維持している部屋のこと」です。クリーンルームに準じた施設が求められるケースとしては、アレルギー対応特別調理施設や病院給食等があります。

るなどの異物混入などがないよう十分考慮する必要はあります。

また、簡易なクリーンブースで対応しているケース(**写真5.1**)はありますが、この場合は空気の清浄度というより異物混入の防止が目的です。

Q.112 スーパーマーケットのゾーニングはどうすればよいのですか？

A.112 スーパーマーケット店舗での衛生管理には店舗内[60]および店舗バックヤード両面での対応が必要になります。特に店舗バックヤード(例えば総菜加工場)のゾーニングはスペースも限られているので、「汚染区域」「準衛生区域」「衛生区域」と区分した管理は困難です[61]。ただし、非加熱のまま提供する総菜の加工と、加熱後提供する総菜の加工については交差汚染や二次汚染、異物混入のリスクがあるので区分(時間差やライン分け)して作業する必要があり、作業終了後の温度管理も重要になります。

店舗内の衛生管理では、総菜コーナーの位置として出入り口から一番遠い位置に陳列するのが望ましいです。また、出入り口は風除室(カート置き場を兼務)やイートインコーナーを設置し、外気が直接店舗内に入らない工夫が必要です。また、クレンリネス(清潔かつ快適)な売り場を目指す衛生管理では、ショーケースでの対面販売なら販売員の衛生管

---

60) 店舗での衛生管理については、以下の公開情報を参考にすべきです。
- 全国スーパーマーケット協会：「(更新)「スーパーマーケットにおけるHACCPの考え方を取り入れた衛生管理のための手引書」を公開」「スーパーマーケットにおけるHACCPの考え方を取り入れた衛生管理のための手引書Ver.1.1」(http://www.super.or.jp/?p=9644)

61) 以下の資料では、特に清浄区域ごとの区域分け(ゾーニング)については触れておらず、区域分けは不要です。
- 厚生労働省：「HACCPの考え方を取り入れた衛生管理のための手引書」「小規模な一般飲食店：詳細版(作成：日本食品衛生協会)」(https://www.mhlw.go.jp/stf/seisakunitsuite/bunya/0000179028_00003.html)

理で問題はないものの、セルフトッピングなら専用トレーやトングの衛生管理が必要になりますし、二次汚染や異物混入への対応も必要です。

Q.113 HACCP対応の設備として揃えるべきものはありますか？

A.113 HACCPに必須になる設備はありません。HACCPを導入する際に「あれば便利だ」と思われている設備が便宜上「HACCP対応設備」とよばれているだけです。HACCPを導入する場合、基本的に「もしハード面(施設・設備)に不具合があっても、一般衛生管理などのソフト面でカバーできる」と考えます。とはいえ、あまりに大きな問題がハード面にあれば当然ソフト面でカバーしきれない場合も出てきます。

一般的にハード面が良ければソフト面の対応は簡単に済みますが、ハード面が劣悪なほど、ソフト面での対応はより煩雑になります。そのため、ハード面が劣悪な場合にはある程度の改善が必要になる場合もありますが、相当の費用がかかります。そのため、HACCPの仕組みを作るときには「設備にどれだけの費用をかけるか」が大きな課題となります。要は、ソフト面とハード面とのバランスを考慮しながら、HACCPに取り組むことこそが重要なのです。

なお、工場内の施設・設備の原則は食品衛生法の規定[62]に沿わなければなりません。この規定から外れていないか点検して、もし一般衛生管理などのソフトの部分だけで対応できなかった場合には、必要な施設・設備などのハードのあり方を改めて検討し、対応する必要があります。特に注意すべきは「作業室ごとに間仕切り等による区画」「使用材料(建

62) 基本的な施設のあり方としては、当該施設で製造する食品に応じて、食品衛生法第51条に施設基準(別表第二)として下記の規定があります。
① 共通基準：1 構造／2 食品等の取扱いの設備／3 給水および汚物処理
② 特定基準：「飲食店営業および喫茶店営業」「菓子製造業」「あん類製造業」など33業種

築材料)」「温度管理・気流制御(気圧・換気・風向き)」といった点です。

Q.114 ウェット仕様の工場のドライ化に何か対策はないですか？

A.114 ドライ化とは「床に水を垂れ流しにしないこと」です。ウェット仕様の現場でも、以下の工夫をするだけでドライ化に近づくことができます。

常に床が水で濡れていると微生物や虫が発生・繁殖します。食品施設の床に水が溜まった場合、物の落下時に2m近く水が跳ね上がると想定されるため、食品施設では床の定義を壁まで含めます。天井や壁の結露水は床に垂れる場合もあり、内装(床壁天井)を清掃しやすい材質にする必要があります。ただし、洗浄・殺菌の後に十分乾燥させることにさえ気をつければ、操業時間外の床の水洗(清掃)には何も問題ありません。

ウェット仕様で工場が造られていて、工場の全体をドライ化できない場合は、まずはドライ化できる部屋から始めて、徐々にドライなエリア

写真5.2　台車

を増やしていきます。そのやり方は、まずドライ化が難しい(常時、部屋の床全体が濡れているような)部屋について、機械の配置や作業動線を見直し、部屋の中でドライなエリアとウェットなエリアを分け、ウェットエリアからドライなエリアに、水が乗り越えない程度の土手を設けて、ドライなエリアとウェットなエリアを分けることを繰り返すのです。

ウェットからドライなエリアに人が移動する場合は、吸水マット等で長靴についた水などを一度拭き取って移動するといった工夫をします。また、機械を分解し洗浄する場合には、専用の台車(**写真5.2**)で排水桝の上まで移動し洗浄すると、床が濡れることを防げます。また、操業中に機械から水が垂れる場合、該当部分に樋などを設置して水を受け、直接排水桝に排水するなど工夫して、水を床に落さないようにします。

Q.115 カビの発生が少しでもカビの対策は必要ですか？

A.115 カビ対策は、発生量の多少にかかわらず、必ず行ってください。「食品安全に影響ない」と判断していることから、直接製品に触れない箇所のカビ発生であると思われますが、それでも「少し」だからと、カビの発生を放置する考え方には大きな問題があります。

カビの増殖に適した条件は「湿度80％以上」「発育最適温度25～28℃」といわれ、食品の製造現場では「調理時に水蒸気が出る場所」「(温度差により結露が生じる場所、冷蔵庫や空調機周りなど)」「空気が滞留する場所」「清掃が行き届いていない箇所」などでカビが発生しやすいです。カビが増えると胞子を産出して空気中を浮遊するため、製品原料がむき出しのエリアの場合には、カビの胞子が原料に付着し製品が汚染されるかもしれません。

カビによる汚染を防ぐ対策[30]としては、「①除湿器の設置や換気により室内の湿度を60％以下に抑える」「②サーキュレーター等により室内の空気を循環させ空気の滞留をなくす」「③カビのエサとなる汚れを清掃により取り除き、殺カビ剤により殺菌する」などが考えられます。

また、製造現場では施設や設備のすべての部分で清掃や洗浄を行うことが求められています。当該箇所の清掃方法と清掃頻度を確認し、清掃対象から漏れていた場合はスケジュールを決めて清掃を行う必要があります。清掃対象となっていた場合には、必要であれば清掃方法や頻度を見直しましょう。清掃不足と思われた場合には頻度を上げなければいけませんが、湿度を抑えることや空気の滞留をなくしてカビの生えにくい環境が構築できた場合、清掃頻度を下げることができるかもしれません。

Q.116 温度計の校正はどのようにすればよいのですか？

A.116 食品工場では、温度計は重要な計測機器なので、定期的な校正は欠かせません。計測器は使用するうちに数値がずれてくるため、定期的な温度計の校正で計測器の精度を保つ必要があります。

温度計などの温度センサーの校正方法には、複数の温度計を集めて相互比較する方法など、いくつかの校正方法がありますが、もっとも精度が高い校正方法は、標準温度計を用いて行う方法(施設内すべての温度計の指示値を標準温度計と比較する校正法)で、校正の主流法です。ただし、標準温度計を購入するための費用や標準温度計自体を外部の機関で校正する必要があり、相当の費用がかかります。

そのため、厚生労働省「HACCP導入のための手引書」では、費用をかけない校正の代替手段として、以下の２つの方法を紹介しています。

① コップに入れた水などを３本以上の温度計で同時に測定し、すべての温度計が同じ温度を表示すれば「問題なし」とし、ずれていれば「問題あり」とする方法

② 電気ケトルに水をいれて沸騰させ、注ぎ口に温度計のセンサー

部分を刺し、静置(約１分)後に沸騰蒸気の温度を測定して、温度表示が100℃となることを確認する。その後、砕いた氷を用意し、氷水に温度計のセンサー部分を入れ、約１分後に温度表示が０℃となることを確認する方法

Q.117 「HACCP対応品」と表示されている備品は必要ですか？

A.117 HACCPは備品ありきで行う衛生管理ではなく、「これがなければ導入できない備品」はありません。

HACCPは、製造工程や作業環境から想定される危害要因を分析し、それを除去または許容できる範囲まで低減する管理手法です。そのため、危害要因を分析する際、スポンジやブラシなどの洗浄備品由来の危害要因を考えることは重要です。例えば、汚れた洗浄用具の使用による器具や設備の交差汚染、金属製のブラシを洗浄備品として使用する場合は破損や抜け毛による金属片の混入などが、危害要因として挙げられます。

こうした危害要因に対する一般衛生管理には、洗浄作業を行う場所や器具ごとを使い分けたり、作業終了後に洗浄・殺菌、器具の破損や混入を確認するといった管理手段がとられます。違いのわかりにくい洗浄備品であっても、カラーバリエーションが豊富なもの、耐熱・耐薬性能が高いもの、破損しにくいもの、毛が抜けにくいもの、混入しても重篤性が高くないものを選定すると、その管理がよりしやすくなります。

「HACCP対応」という言葉だけに捉われると危険です[63]。あくまでも自社の状況(どのような危害要因があるか)を整理したうえで、当該の危害要因を管理するために適した備品および、その費用対効果を十分に検討して、必要ならば導入するとよいでしょう。

Q.118 HACCPにはフードディフェンスが必要なのですか？

A.118 フードディフェンス（食品防御）とは「組織内外の人による意図的な食品汚染を予防する手段のこと」です。HACCPの７原則12手順のなかで危害要因分析の対象は「人に危害を及ぼす意図しない汚染や混入」になっています。そのため、「HACCPにフードディフェンス対策は絶対に必要なわけではない」といえます。

しかし、2013年の冷凍食品への農薬混入事件以来、フードディフェンスは食品の安全性を考える際に非常に重要な要素となっており、お客様へ安全・安心な食品を提供するときには考慮する必要があります。また、取引先が行う監査でもフードディフェンスの取組みを求められるケースも増えていますし、HACCPをベースとした衛生管理のマネジメントシステムであるFSSC 22000やJFS-B規格、JFS-C規格（**Q.12**）では、フードディフェンスの取組みが求められます。

フードディフェンスは設備を導入したり、ルールを決めたりするだけで成り立つものではなく、ハードおよびソフト両面による取組みが必要になります[64)]。そのため、「監視カメラを多数台設置すればフードディフェンスだ」といえるわけでは決してありません。費用をかけず改善できる要素がある一方、費用をかけたから何とかなるものではないのです。

フードディフェンスの土台は、ルールを遵守する心構えが組織に浸透している必要があります。つまり、最も重要なのは、食品衛生7Sで

63) 例えば、「HACCP対応備品」をGoogleで検索すると、498万件（2020年８月現在）もヒットします。そこには多数の商品もヒットしていますが、その内容を見れば各社ごとのばらばらな定義が記載されており、備品メーカーの業界に統一された定義がないことがわかります。どのメーカーでも「交差汚染の予防や異物混入対策が行いやすい」とアピールしていますが、洗浄備品以外にもセンサー式で手をかざして水やせっけん液を吐出するタッチフリーの手洗い設備から、電解水の生成器までラインナップされており、なかには導入してもHACCPの実行に役立ちそうもない商品も数多く見受けられます。

「整理・整頓・清掃・洗浄・殺菌におけるマニュアルや手順書、約束事、ルールを守ること」と定義される「躾」を徹底することだといえます。

食品衛生7Sの最終目標は、社員一人ひとりの従業員満足の向上にあります[31]。そのために、まずトップが関与したうえで、各部署の代表者が話し合いながら、ボトムアップを推進するのです。すると、必然的にコミュニケーションの機会が増えるため、躾によって食品衛生7Sが定着すると、「社員同士のコミュニケーションが促進され、自然と明るい職場になる」という二次的な効果が得られます。上記のJFS-B規格のガイドラインでも「モニターカメラや施錠管理以上に、従業員同士のコミュニケーションが食品防御のためのけん制となります」と記載[65]されているとおり、フードディフェンスでは職場環境の向上も重要な要素なのです。施設・設備やルールも重要ですが、社風やコミュニケーションにも目を向けて、できることから始めるとよいでしょう。

---

64) 食品産業センターの「食品製造・加工事業者のためのよくわかる高度化整備基盤事項解説(2015年版)」(https://haccp.shokusan.or.jp/learning/mn2/pdf/)では、フードディフェンスについて以下のような管理点を挙げています。

① 入退室の管理
- ハード面：フェンスや守衛所、認証システムによる鍵、モニターカメラ
- ソフト面：入場時の目的・訪問場所などの確認と記録、従業員の立ち合いや同行

② 不要物の持ち込み禁止の管理
- ハード面：ポケットのない作業着、エリアごとに区分けした作業着
- ソフト面：製造・加工に不要な物の一覧の掲示物(写真などですぐにわかるもの)

③ 薬剤の仕様管理
- ハード面：薬剤保管庫の設置と施錠管理
- ソフト面：薬剤の入出庫時の記録

65) 食品安全マネジメント協会：「JFS-B規格Ver.2.0の公表(2019年10月23日)」「JFS-B規格(セクター：E/L)〈食品の製造〉[ガイドライン]ver.2.0」(https://www.jfsm.or.jp/information/2019/191023_000403.php)

一般衛生管理

Q.119 一般衛生管理の全項目に対応する必要はありますか？

A.119 自社の環境に該当する項目があれば必ず実施すべきですが、そうでない項目についてまで実施する必要はありません。

HACCP制度化によって、衛生管理計画書を作成する必要があります。この衛生管理計画書には、一般衛生管理も構築されることになっており、内容や項目は、「食品等事業者が実施すべき管理運営基準に関する指針（ガイドライン）」とほぼ同じです。「食品衛生法等の一部を改正する法律の政省令等に関する資料」には、「一般的な衛生管理に関する基準」[66]の項目を以下のとおり、示しています。

1. 食品衛生責任者等の選任
2. 施設の衛生管理
3. 設備等の衛生管理
4. 使用水等の管理
5. ねずみ及び昆虫対策
6. 廃棄物及び排水の取扱い
7. 食品又は添加物を取り扱う者の衛生管理
8. 検食の実施
9. 情報の提供
10. 回収・廃棄
11. 運搬
12. 販売
13. 教育訓練
14. その他

上記の項目で自社の製品に関係のない事項があれば、その項目を実施する必要はありません。例えば、「8.検食の実施」は弁当屋や仕出し屋にある大量調理施設でなければ実施する必要がありません。また、「11.運搬」（例：配送車両の清掃・消毒、運搬中の温度・湿度・時間などの管理）や、「12. 販売」（例：適切な仕入れ量、販売中の製品の温度管理など）は、実施する必要性がある事業所のみが対応すればよいのです。

66） 厚生労働省：「食品衛生法等の一部を改正する法律の政省令等に関する資料（2020年2月）」（https://www.mhlw.go.jp/content/11130500/000595368.pdf）

Q.120 一般衛生管理は、どこまでやればOKですか？

A.120「事業所」「商品」「商品規格」「販売エリア」「販売温度帯」などの違いがあるため、必要とされる一般衛生管理の実施頻度は千差万別です。まずは自社の現状を確認し、現実で安定的に安全な商品を製造できているのなら、現行の実施頻度で十分だと考えられます。

ここでもし、Q.119の「一般的な衛生管理に関する基準」の項目で、まだ決められていない項目があれば、追加してルールを決めていけばよいでしょう。また、お客様から異物混入や異臭に関するクレームがよく届くのなら、一般衛生管理13項目の実施の内容や程度が不十分な可能性があります。その場合、丁寧にそれらの事象の真の原因を分析したうえで「一般衛生管理のどの項目が関係しているのか」を検討し、現行のルールを見直す必要があります。例えば、書物(専門書および業界誌)や工場見学などを通じて他社の取組み事例や適正な方法の情報を収集し、自社に応用する努力を続けていく必要があります。また、取引先や管轄保健所から監査において意見交換を行うことも改善に役立ちます。

Q.121 一般衛生管理では、どの程度の記録をとればよいですか？

A.121 HACCPと違い、一般衛生管理では直接的に製造時の記録を求めていません。しかし、「製造の作業に直接関係しないから気にしなくていい」ということにはなりません。

一般衛生管理は「食品を取扱う施設全体が、製造開始前に順守すべき衛生環境を整備するのに必要な衛生管理項目」です。この実施の不備が原因で多くの食中毒が発生しています。実際、一般衛生管理の管理項目は、施設設備、機械器具等の衛生管理、食品取扱者の健康や衛生の管理などにかかわり、食品の安全性を確保するのに重要なものばかりです[32]。

HACCP導入のガイドラインでは「必要に応じて清掃･洗浄･消毒や食品の取扱いなどの具体的な方法を定めた手順書を作成すること」[33]としています。一般衛生管理に不備があれば、それを改善する方法を「手順書」として作成する必要が出てきますし、「手順書」の作業を実施した記録の作成も必要になってくるのです。つまり、一般衛生管理は間接的に「手順書」の内容にかかわってくるのです。

まず最初に、自社で製造する食品の状況を観察することが重要です。特に食品と接触する器具や機械などに注意して、清掃･洗浄･消毒の実施記録や清浄度の状態がわかる記録の有無を確認し、なければ必ずとるようにしましょう。原材料や食品の取扱い等の温度管理などは、具体的な管理基準や測定時間などを決めてからとってください。これらの記録があれば必要なときにすぐに確認できるようになるため、管理基準を逸脱したときには、迅速な対応ができます。食品の安全を証明するための記録なので、確実かつ正確に記入し項目などの漏れがないようにします。

Q.122 ISO 22000とFSSC 22000のPRPには何か違いがありますか？

A.122 ガイドラインによってはPRP（Pre-Requisite Program：前提条件プログラム）はGMP（Good Manufacturing Practice：適正製造規範）ともよばれ、多少の違いはあっても、具体的な内容はいずれも同様です。「安全安心な食品を製造するための設備、装置、機器類の管理や従業員の管理についてルールを定め、適正に運用すること」を求めており、これはHACCP制度化に伴うHACCP導入で必要となる考え方です。

PRPは「食品安全マネジメントシステム（FSMS）を管理運用するための仕組みを作る前提条件、つまりFSMSの土台となる部分」です。そして、FSMS（ISO 22000およびFSSC 22000）でPRPは、「ISO/TS 22002-1 食品安全のための前提条件プログラム」を“参考に”（実質的には必須項目として扱い）構築することが求められています。

JFSM規格ではGMPが要求事項として明記されています。JFS-A/B/Cのクラスによって若干違いますが、GMP1～18の要求事項があり（**表5.11**）、JFS-A/Bの場合はGMP2～17が必須項目となります[67]。

表5.11 PRPの要求項目（例）

GMP 1	立地環境
GMP 2	敷地管理
GMP 3	施設・設備の設計、施工及び配置
GMP 4	製造・保管区域の仕様、ユーティリティの管理
GMP 5	装置・器具
GMP 6	保守
GMP 7	従業員用の施設
GMP 8	汚染リスクの特定・管理／物理的、化学的、生物学的製品汚染リスク
GMP 9	交差汚染／隔離と交差汚染
GMP10	在庫の管理
GMP11	整理整頓、清掃、衛生
GMP12	水や氷の管理
GMP13	廃棄物の管理
GMP14	有害生物防除
GMP15	輸送
GMP16	従業員等の衛生及び健康管理
GMP17	教育・訓練
GMP18	製品の包装と保管

出典） 食品安全マネジメント協会：「規格・認証」（https://www.jfsm.or.jp/scheme/documents/index.php）

Q.123 食品衛生7Sができれば、一般衛生管理もできますか？

A.123 食品衛生7Sができれば、一般衛生管理もできます。一般衛生管理を継続していくための手法が食品衛生7S(**Q.11**)だからです。食品衛生7Sとは、「整理」「整頓」「清掃」「洗浄」「殺菌」を「躾」て、「清潔」な環境を作る活動です。「食品衛生7S」は「一般衛生管理」そのものではないものの、一般衛生管理を実行するベース(基礎・土台)となります。工場全体に食品衛生7Sが運用できれば、一般衛生管理(HACCPの前提条件プログラム)の大部分ができているといえます。

食品衛生7SとJFS-A/B規格の一般衛生管理(GMP)との関係は**表5.12**のとおりで、ほとんどが食品衛生7Sで対応できることがわかります。両者の違いは「どのような切り口で問題を把握・整理するのか」の方法論にあるだけで、実行する内容は結局同じなのです。

Q.124 食品衛生7Sの実践で異物混入対策もできますか？

A.124 食品衛生7Sを実践することで、異物混入対策になります。「食中毒予防の3原則」のように異物混入にも「防止の3原則」があります。Google検索すればさまざまなパターンがあります。その一例は**表5.13**のとおりです。

上記の3原則の実行場面で、食品衛生7Sの「整理」「整頓」「清掃」「洗浄」「躾」という活動が異物混入の原因を断つ重要な手段となります。

---

67) なお、厚生労働省では以下のような衛生規範などを公開していますが、PRP(=GMP)はその内容と同じと考えてよいでしょう。
- 厚生労働省：「食品等事業者が実施すべき管理運営基準に関する指針(ガイドライン)」(https://www.mhlw.go.jp/stf/seisakunitsuite/bunya/0000082847.html)
- 厚生労働省：「食品等事業者の衛生管理に関する情報」「大量調理施設衛生管理マニュアル」(https://www.mhlw.go.jp/stf/seisakunitsuite/bunya/kenkou_iryou/shokuhin/syokuchu/01.html)

表5.12 JFS-A/B規格のGMPと食品衛生7Sの関係

GMP No.	項目	食品衛生7S						
		整理	整頓	清掃	洗浄	殺菌	躾	清潔
2	敷地管理	○	○	○				
3	施設・設備の設計、施工及び配置	○	○	○	○	○		
4	製造・保管区域、ユーティリティの管理	○	○	○	○	○		○
5	装置・器具			○	○	○	○	○
6	保守			○	○	○	○	○
7	従業員用の施設	○	○	○	○	○	○	○
8	物理・化学・生物学的汚染リスク	○	○	○	○	○	○	○
9	隔離と交差汚染	○	○	○	○	○	○	○
10	在庫の管理	○	○	○	○	○		
11	整理整頓、清掃、衛生	○	○	○	○	○	○	○
12	水や氷の管理			○	○	○		
13	廃棄物の管理	○	○	○	○			
14	有害生物の防除	○	○	○	○	○		
15	輸送	○	○	○				
16	従業員等の衛生及び健康管理				○	○	○	
17	教育訓練	○	○	○	○	○	○	○

必要なものと不要なものを区別し、不要なものを撤去する「整理」を行えば、工場内の異物混入の原因を排除できます。また、必要なものの置き場所、置き方、置く数量を取り決めて識別する「整頓」を行えば、異物混入しやすい環境から脱することができます。そして、異物の元(ゴ

表 5.13　異物混入防止の 3 原則

(1)　入れない	①　異物が入りそうなところに製品を置かない。 ②　異物が入りそうな環境を作らない。 ③　混入した異物を見つけ出し、取り除く。
(2)　作らない	①　異物混入の原因を作らない。 ②　食材袋の切れ端を確実に廃棄する。 ③　樹脂容器の割れ欠け、繊維のほつれやまな板のささくれなどを放置しない。
(3)　持ち込まない	①　異物の原因となるものを持ち込まない。 ②　鉛筆、シャープペン、消しゴム、輪ゴム、ホッチキスの針、不要なクリップなど、製造に不必要なものを工場内に持ち込まないように制限する。

ミ、残渣や汚れなど）を取り除き、きれいに「清掃」「洗浄」することで、より「整理」「整頓」の効果が上がります。最後にこれらを「躾」（習慣化）することで、異物混入しにくい環境を長く維持できます。

Q.125 原材料倉庫などの管理はどのようにするとよいですか？

A.125 原材料、包装資材および最終製品などを保管する場合、「点検および有害生物の防除活動を実施できるように壁から離す」「床に直置きしない」ことが必要です（一般衛生管理の「食品等の取扱い」と関連します）。

パレットだけが置かれている場合や、パレットが壁の近くに比較的長期間置かれている場合では、ホコリが溜まりやすくなり、虫や鼠（ねずみ）にとって格好の棲み家となります。そのため、「パレットと壁の間に人が通れるだけの距離」を開けることが理想なのですが、保管スペースが減ります。しかし、せめて「汚れを目視で確認でき、虫や鼠を捕獲するためのトラップが置ける程度の距離」は欲しいものです。

保管中の原材料、包装資材および最終製品を直置きすると、床の汚染物質(虫、跳ね水、汚れなど)に汚染される可能性があります。もしパレットの上に置けないものがある場合、直置きを防止する方法(汚染物質を防止できる方法)を採用すべきです。また、開封済みの原材料などは、空気との接触による劣化(腐敗や吸湿など)を防ぐとともに、保管中の異物混入を防止することも必要になります。そのため、「開封部分を極力少なくする」「袋物なら開封部分を何重にも折ってからクリップなど(異物混入の観点から壊れにくい材質が望ましい)で封をする」といった対策が必要です。

Q.126 冷蔵庫、冷凍庫、常温庫などの管理方法とは？

A.126 冷蔵庫、冷凍庫、常温庫などの管理で一番重要なのは「決められた庫内温度を維持すること」で、その要点は「温度計が適切な位置かどうか」です(一般衛生管理の「施設・設備の衛生管理」「食品等の取扱い」に関連します)。冷気が直接当たる場所やドアから離れて奥まった場所に温度計があると、庫内の本来の状況が確認できないかもしれませんし、ドアに近いとドアの開け締めの影響が出るかもしれません。

冷蔵庫や冷凍庫の霜取りを定期的に行うことも忘れてはいけません。

省エネを兼ねて冷気を逃さないため、冷蔵庫や冷凍庫のドアにストリップカーテン(ビニールカーテン)を設置している会社もありますが、外からの異物混入防止にも有効です。ただし、これがパレットやフォークリフトなどが当たることで汚れたり、破れたりしていると、せっかく着けたのに効果がなくなってくるため、定期的な交換が必要になります。

Q.127 治工具や什器類を管理するポイントはありますか？

A.127 皆さんの現場では、工具の整理・整頓ができているでしょうか。必要なときに、必要な治工具を手にとることができるでしょうか。いつ使うかわからない、あるいは使った形跡がないような治工具が置かれていないでしょうか。治工具は、定位置管理を適切に実施しないと、作業効率が落ちる可能性が高くなるとともに、治工具そのものが製品に混入して異物になる可能性も高くなります。

治工具については、外部業者が持ち込んだものの管理も重要です。外部業者が持ち込んだものは、「確実に使用されたか」、あるいは「未使用分は持ち帰ったか」の確認をしてください。

治工具および什器については「清掃・洗浄」「殺菌・消毒」の手順や頻度を決めてください。このとき、誰もが同じように実施できるよう、手順や頻度を文書化することが必要なのですが、働いている人が少なく、コミュニケーションがとりやすい環境ならば必要ない場合もあります(以上は、一般衛生管理の「施設・設備の衛生管理」に関連します)。

Q.128 備品類や設備類の管理は、どのようにすればよいですか？

A.128 備品類や設備類の管理には、例えば、「アレルゲン対策のための使用備品などの専用化」「微生物汚染やアレルゲン対策を目的に、使用後の“清掃・洗浄”“殺菌・消毒”“適切な製造”を行うための保全(予防・是正)」があります(一般衛生管理の「施設・設備の衛生管理」に関連します)。

使用する備品を専用化する場合、ラベルを貼り付けるなどして誰もが「何用なのか」をわかる状態にし、そうした分類を守ることが重要です。

使用後の清掃・洗浄および殺菌・消毒では、手順の文書化と周知が必要ですが、作業する人が５名以下なら文書化まで必要ない場合もあります。ここで重要なのは、拭き取り検査などで手順の効果を事前に確認したうえで、手順どおりに実施されているか定期的に確認することです。

備品や設備が破損すると製品に異物が混入する場合があります。また、設備に使用している潤滑油なども、使用する箇所によっては製品に混入する可能性が高くなります。そのため、使用後の破損チェックは当然として予防保全も重要です。使用して摩耗や劣化する備品や設備なら、メーカーが推奨する頻度か関係者の経験による頻度での交換が必要です。

Q.129 洗剤や殺菌剤などの管理は、どのようにするのがよいですか？

A.129 2016年、油に洗剤を混入した状態で揚げたドーナッツが販売された事故がありました。このように日常的に使用している洗剤や殺菌剤も、一歩間違えば食品安全に影響するのだと意識する必要があります。洗剤および殺菌剤（以後、薬剤）は、食品向けのものを使用していることが多いでしょうが、使用濃度を間違えば、決して安全ではありません（一般衛生管理の「食品取扱者の衛生管理」に関連します）。

落としたい汚れなどによって薬剤の種類も異なりますので、専門業者に相談したうえで、自分たちに合った薬剤を選びます。薬剤は、誤使用を防ぐため、置き場を決め、専用の小分け容器以外には小分けしないようにします。毒劇物など、法規制に基づいて、施錠して保管庫に入れることや、使用量や残量を確認することが求められるものもあります。薬剤を保管している場所の近くに、安全データシート（SDS）を準備します。万が一目に入ったときなどに医師に見せれば治療が的確なものになるからです。こうして準備した薬剤は言うまでもありませんが、用法・用量を守った使用が重要です。

Q.130 排水溝やグリストラップなどの適切な管理法はありますか？

A.130 排水溝・排水会所・グリストラップが、微生物・異臭・虫などの発生源になり得ることは容易に想像がつきます。設計時に想定された水量よりも実際の水量が多くなると適切に管理ができなくなり、汚水が外部に流れ出たり、異臭が起きたりするからです。そのため、排水溝・排水会所・グリストラップの定期的な清掃・洗浄を行えば、非衛生的な状態になるのを避け、微生物・異臭・虫の発生予防につながります(一般衛生管理の「排水の取扱い」に関連します)。

清掃・洗浄といっても、排水溝・排水会所・グリストラップの「ゴミが溜まっている箇所」「水が流れていたり、溜まっている箇所」だけを清掃・洗浄するだけでは不十分で、「汚水が跳ね返る箇所(壁面やグレーチングなど)」をきちんと清掃・洗浄することが重要です。

Q.131 機器や設備などの適切な結露対策はありますか？

A.131 結露は、水蒸気を多く含んだ空気が冷やされて水蒸気の一部が水に変わる現象です。結露が起こりやすいのは、「パイプ周辺の湿度が高いときにパイプ中に冷たい液体が流れる」「外が寒く、室内が温かい」場合です。また、床に水が溜まっている原因が結露の場合もあります(一般衛生管理の「施設・設備の衛生管理」に関連します)。

できる箇所にもよりますが、一般的に「結露は汚染された水」なので、結露水がオープン状態だと原材料や製品の上に落ちたり、製造ラインの製品が接触する部分に落ち、微生物汚染を引き起こしかねません。そのため、開封された原材料、製造中の製品が置かれている場所、露出した状態で製品が流れている範囲の上部(天井や配管など)について、定期的に結露の有無の確認をすべきです。

(汚染防止を含む)結露対策には、下記のようなものがあります。

① 断熱材を使用し、温度差を少なくする。

② 室温を管理し、温度差を少なくする。

③ 結露が生じやすい箇所に受け皿や製造ライン上にカバーを設置し、製品や製造ライン上に落ちないようにする。

④ 作業場所を結露が生じない場所に移動する。

Q.132 ドライ化の目的と効果的な方法を教えてください。

A.132 ドライ化の目的は、「微生物(病原菌やカビなど)の発生を防止すること」です。また、その要点は「水を使わないこと」ではなく、「無意味に水を床などに垂れ流しにしないこと」にあります(一般衛生管理の「施設・設備の衛生管理」に関連します)。

ドライ化というと、「ドライ化すると、対策で設備に多額の費用がかかる」といったイメージを抱く方がいるようです。確かに「側溝を増やす」「床や側溝に傾斜をつける」などの対策をすれば、多額の費用がかかるでしょう。しかし、これが例えば「これまでシンクから床に水を流していたものを、ホースを側溝まで伸ばして、床に流れないようにする」「水を扱う作業をする場所を可能な限り側溝や排水溝の近くに移動する」といった対策なら、ドライ化が進むうえに費用もあまりかかりません。また、洗浄後の水切りもドライ化のための手段の一つですが、一回だけでは床の凹んだ部分に水が残ることが多いため、注意が必要です。

Q.133 有害生物防除は必要ですか？

A.133 有害生物と聞いて人がすぐに思い浮かべるのは、ゴキブリを中心とした虫でしょう。これらは存在自体が大勢を不快にする有害生物なのは間違いありませんが、意外にも鳥類も同様で、例えば糞が落ちそうな場所(屋外の軒下など)に原材料や製品などを保管するのは避けるべきです。

虫以外の有害生物の筆頭には鼠(ねずみ)がいます。鼠は、中世ヨーロッパで人口の1/3を奪ったペスト菌などの病原菌の運び屋だったこともあり、英語圏では有害生物防除をPest control(ペストコントロール)とよぶほどです(一般衛生管理の「そ族・昆虫等の防除」に該当します)。

防虫防鼠(そ)に薬剤を多用する時代は終わりました。薬剤が効きにくくなったうえ、薬剤そのものも危害要因になるため、必要最低限の使用に止めることが重要です。理想としては、「虫や鼠がどこで、どのように捕獲されているのか」を定期的に調べ、薬剤を使用せずに餌や棲み家を除去することで有害生物の数を少しずつ減らしていくことです。ただ、「一気に有害生物の数を減らす必要がある」とか「餌や棲み家をすぐに除去できず困る」場合は、薬剤の使用も仕方がないでしょう。

有害生物防除は、とかく専門業者に任せきりになりがちです。しかし、自社の環境から得られたデータを業者と共有しながら、社内の関係者にも常に情報を共通することで、自社に最適化された防除を実施できます。

Q.134 不要なものが多すぎる場合の適切な整理・整頓とは？

A.134 「HACCPを構築するうえで現場の整理・整頓から始める」のは非常に理に適った方法ですが、なかなか期待どおりに進まない場合も多いかもしれません。その場合、特に食品衛生7S活動が有効です。

厚生労働省「HACCP導入のための手引書」[28]の第2章に「製造環境整備は5S活動で実践！」があります。表題は「5S」と称してはいますが、内容から食品衛生7Sそのものなのは明らかです。

食品衛生7Sの特徴は、5Sに「洗浄」「殺菌」を加え、目的を「微生物レベルの清潔」としたことにあります。食品衛生7SはHACCPシステムの土台となるものです[26]。そのため、食品衛生7Sを構築し、維持して発展させることで有効に機能するHACCPが実施できるようになります。

食品衛生7Sは、トップの主導でスタートし、その強いリーダーシップがある場合のみ、力強く進めることができる活動です68)。それを前提としたうえで、「整理」「整頓」のポイントは以下のとおりです。

「整理」とは「要るものと要らないものを区別し、要らないものを処分すること」です。製造現場で働く従業員は意外と「要らないもの」はわかっているものの、大型の機器などは自分たちで勝手に処分することはできないため、しかるべき立場(トップ)の判断が必要です。しかし、実際には「いつか使うだろう」「捨てるのはもったいない」と判断され、なかなか不要品が処分されないことがあります。そんなときには、製造現場から移動した場所に保管期間(半年から1年程度)を決めて保管して、それが過ぎた後、「結局、使わなかった」のなら処分しましょう。

こうして「整理」が進めば不要品がなくなり、「整頓」することがスムーズに進むようになります。「捨てるのがもったいない」と感じても、「“置く場所”と“探す時間”がもったいない」ことを、特にトップの方に理解してもらったうえで、整理・整頓を始めるとよいでしょう。

---

68) 食品衛生7Sを導入しても、最初のステップである整理・整頓がうまく進まない原因として多いのは、「トップが活動を本当に理解したうえで、活動のリーダシップをとっていないこと」です。

食品衛生7Sの活動では、活動を始める前に、トップが「食品衛生7Sを導入する決意」と「食品衛生7Sを通じて得たい効果」を文書化したうえで、「方針の決定」を行い、その実践のために「チームを結成」して、そのチームで「工場点検」を行います。これらにはトップの理解とリーダシップが欠かせません。

Q.135 清掃用具が入らない洗浄シンクの下はどう清掃すべきですか？

A.135 製造現場では、水気があり清掃のしづらい場所(洗浄シンクの下など)でチョウバエ類などの内部発生害虫が発生し、異物混入の原因となる事例が時々発生します。昆虫類の発生に殺虫剤は一時的な効果しか期待できません。予防で重要なのは清掃水とエサになる汚れの除去です。

製造現場では、清掃しにくい場所(機器の下など)はかさ上げして清掃道具が入るようにしたり、キャスターをつけて移動ができるようにするなどの工夫をします。ただ、これがシンクの場合だと、かさ上げも移動も難しいのですが、効果が期待できる清掃方法に泡洗浄があります。

泡洗浄とは、「発泡性の洗浄液を希釈し、エアーを混入して発泡させ、吐出することで、洗浄したい場所の汚れとの付着性を向上させ、洗浄成分と汚れを充分に接触させたうえで、汚れを落とす洗浄方法」です。洗浄機や洗浄剤は多額のコストもかからないので、手軽に導入できます。

Q.136 爪ブラシは必要ですか？

A.136 昔は、爪の隙間の汚れや菌が取れにくいからと、工場への入室前の手洗い時に爪ブラシを使用することが有効とされていました。しかし最近、爪ブラシの使用は、以下の２つの理由から推奨されていません。

① 爪ブラシはブラシの根本などが洗浄しにくい構造で、洗浄殺菌が不十分だと汚れや菌がブラシに残り、二次汚染の原因になる[69]。

② 一つのブラシを複数の人と使い回すと感染の原因となるため、各自の専用ブラシを用意する必要があり、それらをすべて念入り

に洗浄・殺菌するにはかなりの手間が必要となる。

改正された「大量調理施設衛生管理マニュアル」でも爪ブラシについては触れず、「別添2に従い、必ず流水・石けんによる手洗いによりしっかりと2回(その他の時には丁寧に1回)手指の洗浄及び消毒を行うこと」としています。つまり、「爪ブラシを使うよりも、通常の手洗いを2回以上行ったほうが効果的」としているのです[70]。

その他

Q.137 HACCPはパソコンがなくても実施できるものですか？

A.137 組織の規模や年齢構成によっては、パソコンを全く使っていない組織もあるでしょう。そんな組織でも、HACCPは実施できます。Q.55でも触れたように、パソコンを含めた備品の有無に関係なくHACCPは実施できます。しかし、パソコンなしでHACCPの構築・運用を考えた場合、パソコンを活用する組織と比べて相当のハンデがあることを覚悟する必要があります。豊富な利点[71]を捨ててしまうからです。

とはいえ、パソコンに慣れないと手書きよりも何倍も時間がかかる場

---

69) 中村紀子氏の「日本食品衛生協会が推奨する「衛生的な手洗い」の普及・啓発活動「洗い残しやすい箇所」を明確化、根拠に基づく具体的な手順を提案」(https://biochemifa.kikkoman.co.jp/download/?id=7&k=2)による検証でも、衛生管理の不十分な爪ブラシを使用することで、二次汚染が起こる可能性のあることが示唆されています。

70) 厚生労働省の「大量調理施設衛生管理マニュアル(平成9年3月24日衛食第85号別添)(最終改正：平成20年6月18日食安発第0618005号)」(https://www.mhlw.go.jp/file/06-Seisakujouhou-11130500-Shokuhinanzenbu/0000139151.pdf)という手洗いマニュアルの内容は下記のとおりです。

① 水で手をぬらし石けんをつける。
② 指、腕を洗う。特に、指の間、指先をよく洗う。(30秒程度)
③ 石けんをよく洗い流す。(20秒程度)
④ 使い捨てペーパータオル等でふく。(タオル等の共用はしないこと。)
⑤ 消毒用のアルコールをかけて手指によくすりこむ。(1から3までの手順は2回以上実施する。)

合があります。最初のうちは、パソコンを使用できずとも実行できる仕組みを作っておき、並行してパソコンの訓練も行うとよいでしょう。時間とコストはかかりますが、パソコン利用時の豊富な利点を捨てない費用だと割り切り、パソコンを活用した仕組みへ移行していきましょう。

Q.138 HACCPは、「一度作ったら終わり」でもよいですか？

A.138 HACCPは「一度作ったらそれで終わり」としてはいけません。現場の実態が変わったらHACCPの見直しをするのは当然だからです。そのため、「HACCPの内容と現場の実態に乖離があるかどうか」を調べるため、定期的に見直していくことも必要になります。このとき、「何の変更に注目すべきか」という例は、以下のとおりです。

- HACCPチームの変更
- 原料・材料などの変更
- 機器の変更
- 工程の改善や変更
- 製品規格などの変更
- 法令などの改正
- 自社や同業他社などでの食品事故の発生

見直しの頻度は年１回程度が負担にならない範囲だと思われます。

---

71) パソコンを当たり前に使っている組織では、特に意識しなくても以下の利益を享受しています。

① 特に重要な書類以外は印刷せずに、パソコンで作成する文章はパソコンで修正・保存が容易にできる。また、インターネット上のサービスを使えば大勢との共有も容易なので、大幅な時間の節約ができる。

② 重要書類以外、印刷する必要がなくなり、その分、用紙や印刷コスト、紙の保管コストを削減できる。

③ 紙として残す重要な文書を絞ることで保管・管理のスペースが削減でき、探索も楽になる。

④ インターネットを通じて、官公庁や公的機関のウェブサイトを容易に閲覧し、最新の情報を入手できる。本書で多く挙げたとおり、手引書の雛型も手に入れられるので、より容易にHACCPを構築できる。

Q.139 消費期限と賞味期限はどのように決めればよいですか？

A.139 消費期限と賞味期限の意味は異なります。

農林水産省・厚生労働省の資料でも、消費期限は「期限を過ぎたら食べないほうがいいです！」という意味で、賞味期限は「美味しく食べることができる期限です！(だから、この期限を過ぎても、すぐに食べられないということではありません)」という意味だと定義72) されています。これらの期限は理化学検査・微生物検査・官能検査73) を元に決めますが、通常の手順は以下のとおりです[34]。

表5.14 評価点と評価方法(例)

評価点	評価基準
5点	対照品と同等である。
4点	対照品と比べてほとんど差がない。商品としての価値は十分に保たれている。
3点	対照品と比べて多少の変化は見られるものの、商品としての価値は保たれている。
2点	対照品と比べてかなりの変化が見られ、商品としての価値は保たれていない。
1点	対照品と比べて非常に変化が見られ、商品としての価値は保たれていない。

72) 農林水産省・厚生労働省：「食品の期限表示について(平成20年3月)」(https://www.mhlw.go.jp/shingi/2008/03/dl/s0327-12g_0004.pdf)、p4

73) 「理化学検査・微生物検査」は外部の検査機関に委託してもよいのですが、「官能評価」は「自社の製品として認めるか否か」を決める重要な項目なので自社で実施します。

「官能評価」では、「一定期間保存されていた商品」と「製造されたばかりの商品(＝対照品)」を準備し、複数名で評価をします。評価項目は外観(色、つやなど)、香り、味、食感などです。各項目を5段階(または3段階)で点数をつけ合否を判定します。その結果は記録として残します。

① 消費・賞味期限を仮設定する(類似品から推察)。

② 保存期間を決める(安全係数0.7〜0.9を考慮して1.1〜1.5倍の期間)。

③ 保存条件を決める(保存方法に表示される温湿度条件で保存)。

④ 指標項目を決める(理化学検査・微生物検査・官能検査など)。

⑤ 測定点(官能検査の具体的な例を下記に示します)を決める。

以上の手順の結果、例えば、**表5.14**のような評価点と評価方法を設けて、検査結果と比べてみて、「一定期間保存されていた商品が許容範囲内にあるか」を最終合否を判定し、消費期限・賞味期限を決めるのです。

Q.140 表示(栄養成分等)もHACCPに入りますか？

A.140 栄養成分等の表示は、HACCPには含まれません。しかし、製品説明書を作成する際、原材料、添加物、アレルゲンの情報が必要になるため、取引先から「原料規格書」を必ず入手する必要があります。

また、表示内容の不備、特に消費(賞味)期限やアレルゲン表示のミス(間違いや欠如)は、お客様に健康被害をもたらすことから、製品回収につながります。そのため、表示を使用する前に表示内容を確認する工程をCCPとする場合さえあります。具体的には、商品に栄養成分等の表示を貼る前に、現場で担当者が「“名称・消費(賞味)期限・アレルゲン”の表示内容が正しいかどうか」を見本品と比較して確認します。

栄養成分等の表示については、多くの業者間取引の場合、下記の情報を取引先に規格書などで提供する必要があります[35]。

① 名称　② 保存の方法　③ 消費(賞味)期限

④ 原材料名　⑤ 添加物

⑥ 食品関連事業者の氏名又は名称及び住所

⑦ 製造所又は加工所の所在地及び製造者又は加工者の氏名又は名

称

⑧　アレルゲン　　⑨　L-フェニルアラニン化合物を含む旨

⑩　乳児用規格適用食品である旨　　⑪　原料原産地名

⑫　原産国

ここで①、②、③、⑤、⑦、⑧、⑨、⑩は、業者間取引であっても商品に表示する必要がある項目です。それ以外の項目については送り状・規格書などに記載するだけでもかまいません。

Q.141 HACCPでは、アレルギー対策はどの程度必要になりますか？

A.141 HACCPでアレルゲン管理は重要な事項です。アレルゲンにより、強力なアレルギー現象が起こると生命に影響することもあるからです。しかし、危害要因としての金属に対する金属探知機設置や、一般細菌に対する加熱処理のような「これを行えば確実にその危害要因を押さえ込めるというCCP工程」が、アレルゲン[74]の場合は現在に至るまで見つかっていないため、アレルギー対策には一般衛生管理を行います。

まず、原材料規格書を入手し、「原料にアレルゲンが入っているかどうか」を確認します。次に、原料の保管・製造工程中に一般衛生管理を実施し、アレルゲンの交差汚染を引き起こさないように管理します。例えば、保管中ならアレルゲンを含む原料や半製品に「アレルゲンを含

74）参考までに食品表示法におけるアレルゲンの規定は以下のとおりです。
①　特定原材料（表示義務があるもの）【７品目】
そば、落花生、乳、かに、えび、卵、小麦
②　特定原材料に準ずるもの（表示することが推奨されているもの）【21品目】
あわび、いか、いくら、オレンジ、カシューナッツ、キウイフルーツ、牛肉、くるみ、ごま、さけ、さば、大豆、鶏肉、バナナ、豚肉、まつたけ、もも、やまいも、りんご、ゼラチン、アーモンド
なお、アーモンドは2019年９月19日から追加されています。

む」と表示をします。製造工程では製造ラインを十分洗浄したうえで、アレルゲンを含まないものから順に製造をします。また、可能な限り専用器具を使用します[36]。

洗浄方法についても、「現状の洗い方でアレルゲンを完全に落とせているかどうか」を確認するために洗浄後のすすぎ水を用いて、アレルゲンテストを行い、その結果から洗い方が正しいかどうかを確認する方法があります。さらに、アレルゲンとその取扱いの正しい知識と方法については、定期的に従業員に教育する必要があります。

なお、製品にアレルゲンを含まないことを記載したい場合は、さらに厳密なアレルゲン管理が必要になります。

Q.142 小規模事業者にも何かよいアレルゲン対策はありませんか？

A.142 アレルギーのある人にとってアレルギーは、ときに生命にかかわる重大な問題なので、事業規模の大小にかかわらず確実な対応が求められます。ただ、小規模事業者の場合、アレルゲン対策で場所の区分けや器具の使い分けが難しく、製造順番での管理も難しいことが多いです。洗浄作業もばらつきもあり不安があるかもしれません。

もし器具の使い分けや製造順番での管理も難しい状況の場合、「製造機械・器具等の洗浄を通じたアレルゲンのコンタミの防止」が対策のメインになります。

洗浄作業のばらつきに対する不安を解消するために、「洗浄後の機械・器具等にアレルゲンが残っていないかどうか」を確認する方法として、アレルゲン検出キットの使用が考えられます。これは食品中の特定原材料等由来のタンパク質を検出するキットであり、対象の機械・器具等の表面のふき取り検査によって判定できます。難しい技術は不要ですが、「対象のアレルゲンの種類に限りがある」「検出精度が非常に高く、必要以上に洗浄してしまうこともある」という問題があります。そのため、同様に洗浄後の機械・器具等のふき取り検査ができる備品としてATPルミテスターを勧めます。これは、機械・器具等の洗浄後の清浄度を非常に短時間で数値化するもので、広く衛生管理に役立ちます[75]。

アレルゲン検出キットにしても、ATPルミテスターにしても安価なものではなく、毎日や毎回と何度も使用しにくい面があります。そのため、洗浄方法については、数値化された結果を見ながら、すべての作業者ができるだけ同じレベルで洗浄作業ができるように指導することが必要です。そのうえで、適切に洗浄作業が行えていることを定期的に数値で確認するのがよい方法になるでしょう。

コラムE 海外の飲食店等における衛生管理の表示

厚生労働省が発表している「HACCPに沿った衛生管理の制度化に関するQ&A」（平成30年８月31日発表版）の問17に以下の質問がありました[76]。

「消費者は、訪れた飲食店が「HACCPに沿った衛生管理」を実施していることや、購入する食品が「HACCPに沿った衛生管理」の下で製造、加工されたことをどのようにして判断すればよいのか。」

この質問に対しては、以下の回答が挙げられています。

「例えば、店舗のよく見える場所に衛生管理計画の写しを掲示することで、各事業者の衛生管理の取組を示すといったことが考えられます。」

しかし、現実問題として、「掲示されている「衛生管理計画」の写しを消

75） キッコーマンバイオケミファの「運用マニュアル　ATPふき取り検査」「③基準値の設定」（https://biochemifa.kikkoman.co.jp/kit/atpfuki/dounyu/）によれば、専用のふき取り綿棒で洗浄後の機械・器具類の表面をふき取り、機械にセットすると10秒で清浄度が数値化され表示されます。基準値は一般的にはステンレス等の金属面であれば200RLU以下、プラスチック等の樹脂面であれば500RUL以下というようにしておくとよいです（RLUは、ATPふき取り検査に特有の単位です）。そうすれば、的確に洗浄できていることが数値で確認できるため、安心できます。

76） この問17は、令和２年６月１日改訂版ではなくなっています。

費者が見て、その飲食店の衛生管理の状態を的確に判断する」というのはかなり難しいでしょう。そこで、諸外国では、飲食店の衛生管理状態を評価して、消費者が簡単に判断できるように店頭にその評価結果を掲示させる方法をとっています。

（1）　英国（ロンドン）

飲食店の衛生状態を6段階評価（0～5の評価点）で掲示しています（写真E-1）。この評点による格付けは、飲食店への立入検査時に食品衛生の状況を、以下の項目で評価して判定しています。

①　食品の取り扱い　②　食品の保管方法
③　食べ物の作り方　④　施設の清潔さ
⑤　食品安全の管理方法

その一方で、この食品衛生格付け制度では、以下の要素についての情報は提供されていません。

❶　食品の品質　❷　顧客サービス　❸　料理のスキル
❹　プレゼンテーション　❺　快適さ

5 – hygiene standards are very good
4 – hygiene standards are good
3 – hygiene standards are generally satisfactory
2 – some improvement is necessary
1 – major improvement is necessary
0 – urgent improvement is required

出典）　ロイヤルインフライトケイタリング㈱　長清正八氏からの提供資料。

写真E-1　ロンドンの飲食店の5段階評価

（2）　米国（サンフランシスコ市）

保健当局が立入検査を行い、「食品衛生上の違反がないかどうか」を以下のような3つのカテゴリーに分類して評点化しています。

①　高リスク：食品媒介性疾患の伝染、食品の異物混入、および食品接触面の汚染に直接関連する違反。
②　中程度のリスク：公衆の健康と安全に中程度のリスクがある違反。
③　低リスク：低リスクであるか、公衆の健康と安全に差し迫ったリ

スクがない違反。

サンフランシスコ名物ケーブルカーの方向転換場のパウエル通りと、マーケット通りの交差点に近いステーキハウス店の衛生状態の評価点は、92点となっています（写真E-2）。衛生状態は、「良好」という判定です[37]。

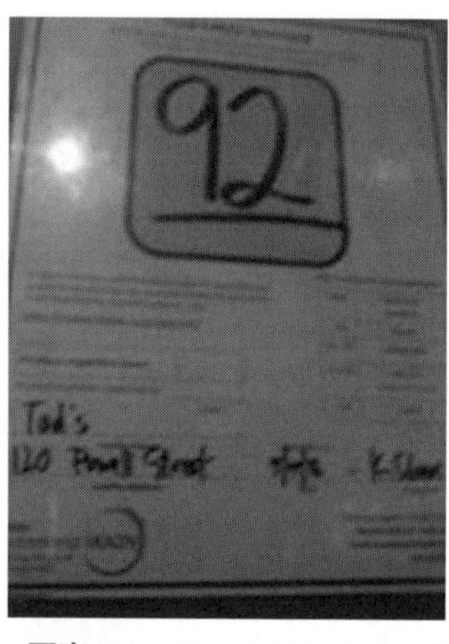

＞90	Good
86–90	Adequate
71–85	Needs Improvement
≦70	Poor

写真 E-2　サンフランシスコ某食堂の評点（2017年８月23日）

（３）　米国（ハワイ州）

ハワイ州でも飲食店の衛生状態の評点化（３段階評価）をしています（写真E-3）。ほとんどの飲食店は、“PASS”評価で、その他の評価の表示を見たことはありません[38]。

（４）　中国（地方都市・秦皇島、遼寧省丹東）

３段階評価で、評価はA、B、Cで表示されています。写真E-4は2014年に地方都市（秦皇島）で撮ったもので、同様のものを上海・北京・青島・大連でも見かけました。しかし、評価Aしか見かけませんでした。それが2019年10月に遼寧省丹東にいってみるとほとんどの飲食店が、A評価とのことでしたが、C評価の飲食店もありました（写真E-5）。

■３段階評価
PASS
CONDITIONAL
PASS
CLOSED

写真 E-3　ハワイ・ホノルル（2017年５月）

写真 E-4　中国の食品安全等級（2014年）

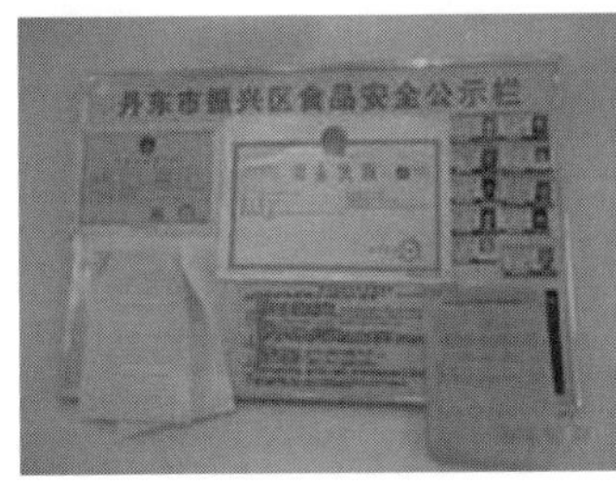

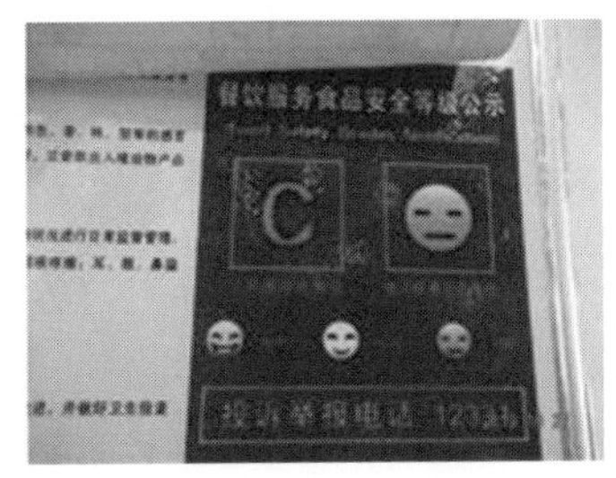

写真 E-5　遼寧省丹東の海産料理店（2019年10月27日）

（５）　マレーシア

A、B、Cの３段階評価です。B評価のある店に入ると、評価票の前に提灯を吊して、B評価を見えにくくしていました。自店の悪さをわかっての行為でしょう（写真E-6）[39]。

・Bマークをうまく隠している？

写真 E-6　Bランクの中華料理店（2018年２月28日）

本コラムの冒頭にも書きましたが、今のところ日本の厚生労働省は、飲食店の衛生計画について、評点化することは考えていないようです。

しかし、以上のような諸外国の状況から見て、遠くない将来、何らかの方法で飲食店の衛生状態を評価するようになるのではないでしょうか。

評点化が行われ、良くない評点しかもらえなかったときには、写真5.8のようなことも起こるかもしれません。そうならないように、今からHACCPに沿った衛生管理をきちんとしておきたいものです。

●第５章の参考文献

［１］ 厚生労働省：「HACCP導入のための手引書」(https://www.mhlw.go.jp/stf/seisakunitsuite/bunya/0000098735.html)

［２］ 食品産業センター：「HACCP関連情報データベース」(https://haccp.shokusan.or.jp/)

［３］ 厚生労働省：「食品等事業者団体が作成した業種別手引書」(https://www.mhlw.go.jp/stf/seisakunitsuite/bunya/0000179028_00001.html)

［４］ e-Gov：「食品衛生法施行規則」(https://elaws.e-gov.go.jp/search/elawsSearch/elaws_search/lsg0500/detail?lawId=323M40000100023)

［５］ 東京都福祉保健局：「食品衛生の窓」(https://www.fukushihoken.metro.tokyo.lg.jp/shokuhin/)

［６］ コーデックス食品規格委員会 著、月刊HACCP編集部 訳編(2011)：『Codex食品衛生基本テキスト対訳第４版』、鶏卵肉情報センター。

［７］ J-Net 21：「補助金・助成金・融資」(https://j-net21.smrj.go.jp/snavi/support/)

［８］ 米虫節夫 編(2008)：『現場がみるみる良くなる食品衛生7S活用事例集』、日科技連出版社。

［９］ 米虫節夫・角野久史 編(2010)：『現場がみるみる良くなる食品衛生7S活用事例集２』、日科技連出版社。

［10］ 角野久史・米虫節夫 編(2011)：『現場がみるみる良くなる食品衛生7S活用事例集３』、日科技連出版社。

［11］ 角野久史・米虫節夫 編(2012)：『現場がみるみる良くなる食品衛生7S活用事例集４』、日科技連出版社。

［12］ 角野久史・米虫節夫 編(2013)：『現場がみるみる良くなる食品衛生7S活用事例集５』、日科技連出版社。

［13］ 角野久史・米虫節夫 編(2014)：『現場がみるみる良くなる食品衛生7S活用事

例集6』、日科技連出版社。
[14] 松下信武：「会議参加の適正人数は4人から10人」、『PRESIDENT Online』、2009年8月17日号(https://president.jp/articles/-/692)
[15] 小久保彌太郎 編(2011)：『現場で役立つ食品微生物Q&A 第3版』、pp.50-51、中央法規。
[16] 芝崎勲(1995)：『微生物制御用語事典 改訂』、p.162、文教出版。
[17] D. A. A. Mossel(1971)：“Physiological and metabolic attributes of microbial groups associated with foods”, Journal of Applied Bacteriology, Vol. 34, pp. 95-118.
[18] 西田博 編著(1982)：『着眼点 食品衛生』、pp.124-127、中央法規出版。
[19] 清水潮(2006):『食品微生物の科学 第2版(食品微生物Ⅰ—基礎編)』、p.148、幸書房。
[20] 湯川剛一郎 編著、ISO TC34 SC17食品安全マネジメントシステム専門分科会 監修(2019)：『ISO 22000：2018 食品安全マネジメントシステム要求事項の解説』、p.138、日本規格協会。
[21] 小久保彌太郎 編(2011)：『現場で役立つ食品微生物Q&A 第3版』、pp.196-197、中央法規。
[22] 鈴木俊吉ほか編(1993)：『微生物制御実用事典』、pp.696-699、フジ・テクノシステム。
[23] 厚生労働省：「食品別の規格基準について」(https://www.mhlw.go.jp/stf/seisakunitsuite/bunya/kenkou_iryou/shokuhin/jigyousya/shokuhin_kikaku/index.html)
[24] 厚生労働省：「食品別の規格基準について」「D. 各条 冷凍食品」(https://www. mhlw. go. jp/stf/seisakunitsuite/bunya/kenkou_iryou/shokuhin/jigyousya/shokuhin_kikaku/index.html)
[25] 湯川剛一郎 編著、ISO TC34 SC17食品安全マネジメントシステム専門分科会 監修(2019)：『ISO 22000：2018 食品安全マネジメントシステム要求事項の解説』、日本規格協会。
[26] 食品安全ネットワーク 監修、角野久史・米虫節夫 編著、花野章二・佐古泰通・柳生麻実 著(2018)：『食品衛生法対応 はじめてのHACCP』、日科技連出版社。
[27] 京都府：「京の食品安全管理プログラム導入の手引」(http://www.pref.kyoto.jp/shokupro/haccp.html)
[28] 厚生労働省：「HACCP導入のための手引書」「大量調理施設編 第3版(平成27年10月)」(https://www.mhlw.go.jp/stf/seisakunitsuite/bunya/0000098735.

html)、p10。
[29] 米虫節夫、角野久史 監修(2013)：『やさしい食品衛生7S入門(新装版)』、日本規格協会。
[30] 石田智洋(2019)：「カビの基礎知識と従来技術の限界を踏まえた新たな根本対策の考え方」、『月刊HACCP』、第25巻第3号、pp.105-111。
[31] 角野久史・米虫節夫 編(2015)：『食品衛生7S実践事例集 第7巻』、鶏卵肉情報センター。
[32] 厚生労働省：「食品衛生法等の一部を改正する法律の政省令等に関する資料(2020年2月)」(https://www.mhlw.go.jp/content/11130500/000595368.pdf)
[33] 厚生労働省：「食品衛生管理の国際標準化に関する検討会最終とりまとめについて(平成28年12月26日)」(https://www.mhlw.go.jp/stf/houdou/0000146747.html)
[34] 日本食品分析センター：「食品の期限設定の考え方と実例について(2008年8月4日)」(https://www.maff.go.jp/j/study/syoku_loss/02/pdf/ref_data2.pdf)、p10。
[35] 消費者庁：「早わかり食品表示ガイド〈事業者向け〉～食品表示基準に基づく表示～」(https://www.caa.go.jp/policies/policy/food_labeling/information/pamphlets/pdf/02_h-foodlabel200401.pdf)、p26。
[36] 日本健康・栄養食品協会：「別添2 アレルギー物質を含む食品に関する表示Q&A」(http://www.jhnfa.org/tokuhou204.pdf)、pp.1-7。
[37] 米虫節夫(2019)：「穀象虫の徘徊日誌～米国西海岸ベイエリア～」、『環境管理技術』、Vol.37、No.5、pp.215-233。
[38] 米虫節夫(2019)：「穀象虫の徘徊日誌～2：ハワイ・ホノルル～」、『環境管理技術』、Vol.37、No.6、pp.258-270。
[39] 米虫節夫(2020)：「穀象虫の徘徊日誌～3：マレーシア旅行～」、『環境管理技術』、Vol.38、No.2、pp.82-91。

索　引

【か　行】

【さ　行】

著 者 一 覧

【編者】

米虫節夫（こめむし　さだを）（担当箇所：まえがき、Q.53、コラムA～E）

大阪市立大学客員教授。工学博士、大阪大学薬学部、近畿大学農学部を経て、2009年より現職。日本防菌防黴学会名誉会長。NPO法人食品安全ネットワーク最高顧問。

岡村善裕（おかむら　よしひろ）（担当箇所：第1章、Q.17、25、28～30、65）

㈱ライモック代表取締役。中小企業診断士。JTHC HACCPコーディネーター。NPO法人食品安全ネットワーク監事。

坂下琢治（さかした　たくじ）（担当箇所：Q.1～11、13、14、16、20、23、24、26、31、34、36、39、40、47、48、50、54、63、66、68、69、72、73、83、91、93、94、96、125～133、137、138）

DNV GL ビジネス・アシュアランス・ジャパン㈱。岡山大学大学院修了。学術博士。FSSC 22000を中心に監査活動を実施。NPO法人食品安全ネットワーク理事。

角野久史（すみの　ひさし）（担当箇所：第2章、Q.35、43～45、49、51、92、104）

㈱角野品質管理研究所代表取締役。京都府食品産業協会理事、日本惣菜協会（JmHACCP）審査委員長、NPO法人食品安全ネットワーク理事長。

【著者】

NPO法人食品安全ネットワーク

1997（平成9）年7月設立、食品産業を基本として、会員間における異業種交流を深めるためのネットワークづくりを行ってきた。食品衛生7Sを提唱・普及活動中。

青森誠治（あおもり　せいじ）（担当箇所：Q.85、107～109、117、118）

SEITA食品安全コンサルティング代表。大量調理施設の管理栄養士の後、洗剤・消毒剤メーカーの食品安全のコンサルティング部門を経て、2020年に独立開業。

奥田貢司（おくだ　こうじ）（担当箇所：Q.31、32、90、95、101、119、121）

㈱食の安全戦略研究所代表取締役。名城大学農学部非常勤講師、JTHC-HACCPリードインストラクター、NPO法人食品安全ネットワーク理事。

海原俊哉（かいはら　としや）（担当箇所：Q.111～114、116、136）

㈱アルテ（一級建築士事務所）代表取締役。2007年以降、食品工場を中心に建築物の企画・設計・監理の業務を行う。2020年より現職。

金山民生（かなやま　たみお）（担当箇所：Q.38、52、55～62、64、67、70、71、77、78、81、82、86）

東洋産業㈱コンサルティング室室長。食品メーカーにて商品開発・品質管理業務に従事。2008年より現職。NPO法人食品安全ネットワーク理事。

後藤康慶（ごとう　やすのり）（担当箇所：Q.18、37）

（一財）日本食品検査技術アドバイザー。九州大学農学部卒。雪印乳業㈱、三栄源エフ・エフ・アイ㈱などを経て、2016年より現職。

鈴木厳一郎（すずき　げんいちろう）（担当箇所：Q.19、41、79、80）

フードクリエイトスズキ㈲。ISO 9001主任審査員。NPO法人食品安全ネットワーク理事（事務局長兼務）。

多田幸代（ただ　さちよ）（担当箇所：Q.139～141）

㈱スシローグローバルホールディングス。東京海洋大学大学院海洋科学技術研究科博士後期課程修了。海洋科学博士。2002年より品質管理業務に従事。

田中達男（たなか　たつお）（担当箇所：Q.97、99、102、103、105、106）

㈱マネジメント教育研究所技術顧問。元㈱赤福品質保証部長。現在、近畿HACCP実践研究会理事、NPO法人食品安全ネットワーク監事。

名畑和永（なばた　かずなが）（担当箇所：Q.46、98、100）

明宝特産物加工㈱専務取締役。NPO法人食品安全ネットワーク理事。

花野章二（はなの　しょうじ）（担当箇所：Q.84、87～89、134、135、142）

㈱食品の品質管理研究所代表取締役。1955年兵庫県出身。近畿大学農学部非常勤講師、奈良県HACCP認証制度アドバイザー、NPO法人食品安全ネットワーク理事。

水元　誠（みずもと　まこと）（担当箇所：Q.75、76、110、115、120）

東洋産業㈱コンサルティング室。1975年大阪府堺市出身。岡山大学大学院自然科学研究科修了。食品メーカーにて品質管理・品質保証業務に従事。2016年より現職。

森田　真（もりた　まこと）（担当箇所：Q.21、22、33、42）

森田行政書士事務所代表。1984年岐阜県大垣市出身。ホームセンターを退職後、奈良市にて独立開業。NPO法人食品安全ネットワーク理事（事務局次長兼務）。

安田　新（やすだ　あらた）（担当箇所：Q.12、15、27、74、122～124）

大阪府交野市出身、熊本工業大学（現崇城大学）応用微生物工学科卒。現在、フリーランスのISO 9001、ISO/FSSC 22000およびJFS-A/B審査員・コンサルタントとして活動中。

食品衛生法対応　HACCP制度化にまつわるQ&A
現場の困りごとを解決！

2020年9月26日　第1刷発行
2021年3月10日　第2刷発行

編　者　米虫節夫　岡村善裕
　　　　坂下琢治　角野久史
著　者　NPO法人食品安全
　　　　ネットワーク

発行人　戸羽節文

検印
省略

発行所　株式会社　日科技連出版社
〒151-0051　東京都渋谷区千駄ヶ谷5-15-5
DSビル
電話　出版　03-5379-1244
　　　営業　03-5379-1238

Printed in Japan　　印刷・製本　東港出版印刷

ISBN 978-4-8171-9721-4
URL https://www.juse-p.co.jp/